世界上最幸福、最温暖、最快乐的育儿绘本，
记录一段人生最难忘的历程！

# 檬妈
## 快乐育儿日记

[韩] 金柰檬 / 著　[韩] 金柰檬 / 绘　朴银淑 / 译

山东科学技术出版社

图书在版编目 (CIP) 数据

檬妈快乐育儿日记 /［韩］金柰檬著；朴银淑译 .—济南：山东科学技术出版社，2014
ISBN 978－7－5331－7312－8

Ⅰ.①檬…　Ⅱ.①金…　②朴…　Ⅲ.①婴幼儿—哺育　Ⅳ.①TS976.31

中国版本图书馆 CIP 数据核字 (2014) 第 077891 号

檬妈快乐育儿日记

［韩］金柰檬　著
朴银淑　译

出版者：山东科学技术出版社
地址：济南市玉函路 16 号
邮编：250002　电话：(0531)82098088
网址：www.lkj.com.cn
电子邮件：sdkj@sdpress.com.cn
发行者：山东科学技术出版社
地址：济南市玉函路 16 号
邮编：250002　电话：(0531)82098071
印刷者：济南新先锋彩印有限公司
地址：济南市历城区工业北路 182-6 号
邮编：250101　电话：(0531)88619328

开本：880 mm × 1230 mm　1/32
印张：10.5
版次：2014 年 8 月第 1 版第 1 次印刷

ISBN 978-7-5331-7312-8
定价：39.00 元

# 檬妈快乐育儿日记

最细腻、最动人的母子亲情

最打动人心、最温暖的育儿故事

欢笑、泪水、幸福交织的育儿过程

让你开怀大笑的新手妈妈育儿趣事

C·O·N·T·E·N·T·S

# 目录

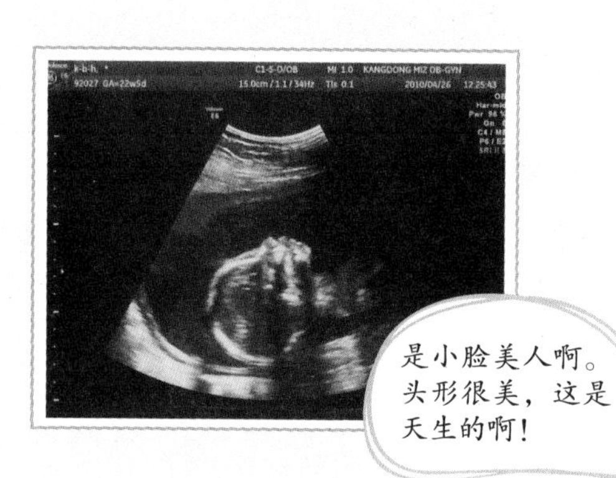

是小脸美人啊。
头形很美，这是
天生的啊！

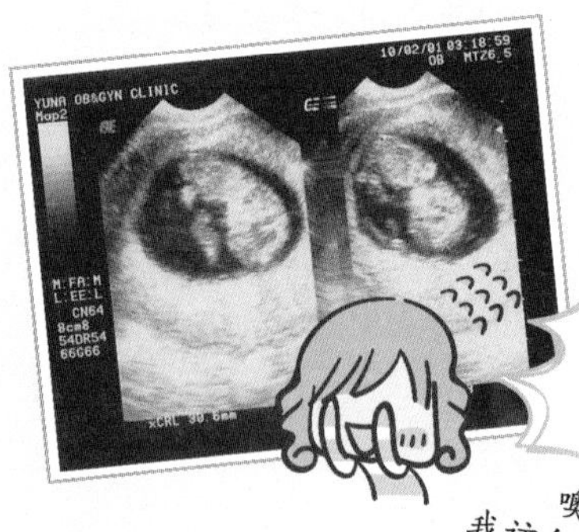
YUNA OB&GYN CLINIC
这个小生命在我
肚子里蠕动吗?!
噢，
我该怎么办?!
太可爱了!!

# Part 1. 怀孕日记

## 育儿从现在开始！

●●●

临近圣诞的一天，老公说：

我总觉得今年我们会收到一份特殊的圣诞礼物。

之后，圣诞前后我没有来月经。

上帝就那样把梦尚赐给了我们。

# 胎名

正连载漫画日记的时候……

老公，老公，
看到这个
了吗？

什么？

粉丝们在评论上
给孩子起了个网
名，呵呵呵……

柰檬 + 山上

梦尚？

梦尚！
是不是很
可爱呀！
呵呵呵……
我喜欢！
是呢，是呢。

怀孕之后……

小孩的胎名起了吗？
嗯！梦尚！
娘家父亲

没有丝毫的犹豫胎名就定为“梦尚”了！♡

含义呢？

没有什么特别的含义……
只是把两个人的名字合在一起……

那算什么？

嗯？
一定要有含义吗？

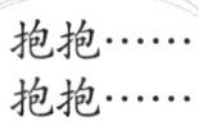
抱抱……
抱抱……

噔噔噔

教会里的小朋友

哎，你好
啊，雅英！
哇……

呃？！雅英！
你的头发？！
一惊！
咯咯……

怎么是平头？！

……做了这样的梦。

这算什……什么啊？
呼噜……
扑啊……

与真实的梦尚在一起！♡

庆 庆祝梦尚的出生 祝
嗖……
哇啊！

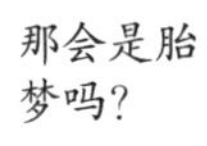

那会是胎梦吗？
怀抱的是女孩，可却是男孩的平头，是儿子吗？

真实

第一次去妇产科检查……

宝宝
很好。
呼……
倍感神奇的夫妇！

噢，小家伙在
不停地蠕动，
太神奇了！
哈哈……
一言不发地害羞
的孩子爸
孕妇，测一下血
压和体重吧！

还拿到了孕妇手册。

祝贺您，下
个月再见。
是。
给我看看。

仔细阅读孕妇手册的山上先生。

你现在是几周？

11周？

奇怪啊？
怎么啦？

这儿写着从5个月开始肚子才会大……

5个月（16~20周）

子宫扩大到肚脐的位置，

肚子逐渐变大……

嚇！
看你的肚子这是因为怀孕才这样吗？
当然！

悄悄地……
……骗我了吧？
你那个肚子……

老公明白了事实真相～。

血压……
体重……
医生记在了手册上。
啊！
不可以！！！

你真是小
猪啊？
哦！
真是猪樣。
不是的！！
都是因为怀
孕长的肉！！

怀孕的话一
个月长1千
克的体重是
最好的！
我长了3千克才
这个样子，正
好的体重呀！！

减掉3千克就是
原来的体重？
那也是猪吗……

……唉，真是！

老公明白了事实真相二。

害喜


金柰檬的害喜体验记。

哇……


眼泪、鼻涕都流出的大反胃。

根本没有食欲。

什么也不想吃

猪檬不想吃？不敢相信！！

肚子饿，反胃，没胃口……

晕过去的孕妇檬。

所以，光是有想吃的感觉就很幸福。

真想吃烤吐司……
沾满白糖的烤吐司
幸福！
幸福！

津津有味地吃完想吃的东西……啊，这样就是天堂。

以歌唱星星的心去
爱将要逝去的一切。

但是，真的把想吃的东西放在眼前时，
突然又不愿意吃了，会很狼狈……

来，吃吧。
怎么办，
怎么办呢……
因为是
我想吃才买
来的……
好像要吐！

真是净添麻烦的害喜。

不过并不是
所有孕妇都
这样……
又开始了。
恶心。

屁

山上先生只有到了周末才从宿舍回来。

我回来了……
老公回来了……
哈……

周末夫妇催人泪下（？）的重逢。

拥抱！
噗……
去一边。
呵……

睡觉前，躺在床上聊天。

所以上课时……

噗……

噗噗噗噗……

长

寂静……

……
……

在被窝里接二连三地放屁……

喂，不要这样啊！！！
被子都要烂掉了！！！
臭！！！
噢，真臭啊……
?!

怀孕之后，成了放屁精了。

肚子里总是满满的气，真是没有办法。
无法控制地就放出来了。
呵呵！

丈夫也一起。

啊！怎么样？三连发！
嘣嘣嘣……
嘎！梦尚，爸爸真臭！！
快跑……
噔……

## 儿子？女儿？

肚子里的孩子是儿子还是女儿？
所有的妈妈都会有的单纯的好奇心！

啧啧？

随着肚子变大，周围的人们
开始猜测梦尚的性别。

肚子向右变大，
像儿子哦！

哦？
是吗？

不知是什么原因，都说是像儿子。

背影很敦实，
是儿子……
总觉得你会
生儿子！
儿子吧？肚
子看起来也
像……
感觉是
儿子。

而且，胎梦也模棱两可，
檬妈认定梦尚是儿子。

呃，雅英，
你的头发？
一惊！
嘎……
剪成平头。
真的是儿子吗……


刚开始的时候，
医院也说我们韩
洁是女儿，可最
后却是儿子！

那，那，是那样吗？

那还能变
过来呢！

但是，到了做 B 超检查的那天……

小宝宝怕羞哟，请爸爸闭上眼睛。孩子两腿之间看见什么了吗？什么也没有吧？
呃？！
是女孩？！

医院说是公主。

并不是有重男轻女思想，但也许是因为
一直以来大家都说是儿子……
不知怎么不敢相信是女儿！

知道了是女儿之后，不知怎么感觉梦尚这个胎名很像男孩的名字啊？
梦尚公主，有点好笑。
回想起来……

总之，我们梦尚是公主哦！♡

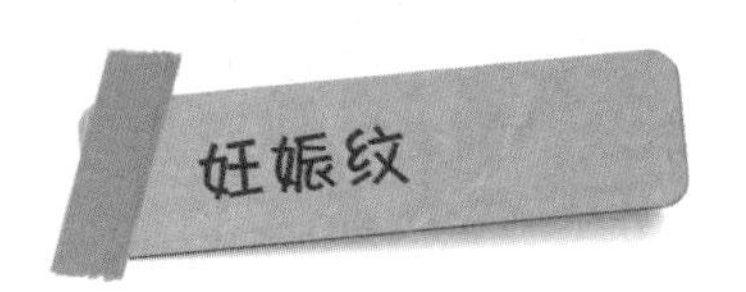

# 妊娠纹

怀孕以后，肚子、臀部、大腿的肌肤会有妊娠纹，所以人们说应及时涂抹防妊娠纹霜。

预防很重要。
知道了。

可是已近 7 个月的我皮肤还没有妊娠纹的迹象呢。

我的肚皮难道是松紧皮肤……
完好无恙吗？
一个劲儿地撑大……

而且，因为麻烦也没太注意抹防妊娠纹霜。

大腿肌肤从怀孕之前已经因为长胖长纹了?!
妊娠纹已不是问题……噗……
唉，真麻烦……

但，其实是我没注意到……

晕……
咣当！

妊娠纹是从下腹底端开始的……

妈呀，
我的肚皮难道是松紧性皮肤，完好无恙呢。
视线……
妊娠纹
是因为肚子变大，
看不到下面呀……
什么“我的肚皮是松紧皮肤”呀！

用镜子偶然看到下腹以后才知道……

啊……
妊娠纹很厉害，
这可怎么办？
抹了又抹……

因为是第一次怀孕(？！)没有经验……^^*

可是，老公……
你一直在观察我的
肚子，没看到肚皮
上有妊娠纹吗？为
什么没告诉我？

嗯？

我以为那是
血管呢……
啊？嗯……

山上也是第一次看到怀孕的老婆！^^*

# 肿了

哟，
腿肿得很
厉害。
到了最后一个
月很辛苦吧？

唉哟，
到了最后一个
月，腿也肿了。
肿得鼓
鼓的！

噢，
看腿都肿了。
肿得硬邦
邦的。

嗯……

这就是我原来的腿呀……

怎么都说肿了呢，为什么……

我的腿原来就
是浮肿的腿？

唉，真让人难过……

有些（？）受挫的感觉……

可是，第二天去了医院以后，才知道了真相。

还没有取
下戒指吗？紧接
着身体就会浮肿，
应该尽早取下来
哦。进分娩室时
不能戴首饰。

事先没取下来，
分娩时因为拔不
下来，有的孕妇
也曾用切割机截
断戒指。

啊？是吗？

从医院回来以后，要取下戒指时……

啊！！
箍在手指上拔
不下来呀！！！

丝毫不动
摇的戒指。

涂上肥皂，才勉强取下了戒指。

哦……手的确是肿了……
看这手指上戒指的痕迹……

……

那么，我的腿也的确是肿了？
微笑！

内心得到了慰藉……

晃来晃去……
呼呼，到了最后一个月说腿会浮肿很多呢。
别骗人了！
肿和没肿一个样……

临近圣诞的一天，老公说：
总觉得上帝会送我们圣诞礼物。
之后，圣诞前后应该来的月经没有出现。
上帝就这样，把梦尚赐予了我们。

妊娠周期从最后一次月经日期开始算起。
也就是说，从这个月没来月经，确认怀孕的事实的话，
那么已经是孕 4 周。
经常从连续剧中看到，
女主人公在饭桌旁“唔……”地要呕吐而跑开，
其他人则通过做出“不会怀孕了吧”的表情，
大家也就都知道了女主人公怀孕的事情。

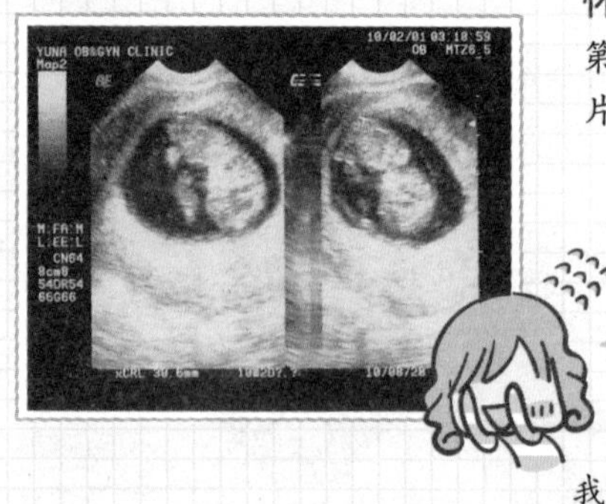
YUNA OB&GYN CLINIC
这个小生命在我的肚子里蠕动！！
嘎！
我该怎么办？！
太可爱了！！

**怀孕 10 周**

第一次去妇产科检查时的 B 超照片，只有 3 厘米的超小的金梦尚！

所以，我也茫然地想象着同样的画面，
但是我怀孕之后才发觉，
在现实生活当中，好像并不是那么回事。
如果有规律的月经没有出现，那么就应该怀疑是否已怀孕了。

怀孕期间，我真的很能吃。
害喜的反应多种多样，
有的人一点也吃不下，有的人空腹更觉得难受。
我是后者。
但这不是说，吃了就不难受，
而是与其空腹，填满肚子会少恶心一点儿。
吃完接着吐，我就是那样。
因为食物的味道而反胃，接着吐出来。
那种害喜，在怀孕 2~7 个月间一直继续着。
胃里满满的、反胃、不消化的感觉，
怀孕期间一直持续着。
10 个月一直是晕车的感觉——这一总结语让人感觉很可怕！

怀梦尚的 10 个月，我并没有刻意地去进行胎教。
应该说，没做过像样的胎教。
音乐胎教、美术胎教、织毛衣……
这种比较普遍的胎教一个都没做。

在怀梦尚的 10 个月期间，

我感受到的是妈妈的精神状态最重要。

但是，矛盾的是，应该要保持安定的怀孕期，

因为荷尔蒙的关系，

我处于对很琐碎的事情也很敏感的不安定状态。

怀孕没多久，大概在 3 个月的时候，

那是寒风肆虐的一月份，

我从上午开始就特别想吃冷面，

偏偏是下达暴雪红色预警之后的时间。

虽然雪停了，但因为积得厚厚的白雪，

仅有的几家冷面馆都说不能外卖。

我心里想："老公要是能买给我就好了……"

老公因为被埋在雪堆里的车，心情很是糟糕。

"但我是害喜呀……"没等这种让人伤心的想法产生，

我就改变了想法，猛地站起来勇敢地自己买冷面去了。

看着在窗外挥动铁锹的老公，吃着买来的冷面，

感受幸福的那段记忆还很清晰。

不管谁对我亲切与否，状况好与坏，

我只想着：只有我成为开心健康的妈妈，

肚子里的梦尚也才能愉快。

10个月来，我一直专心于保持内心的平和。

当然，怀孕期间也和与老公大吵过，

也因为腿发麻抽搐无法睡觉而生过气（呵呵），

但10个月以来，我幸福于可爱的梦尚的蠕动，

那是最好的胎教！

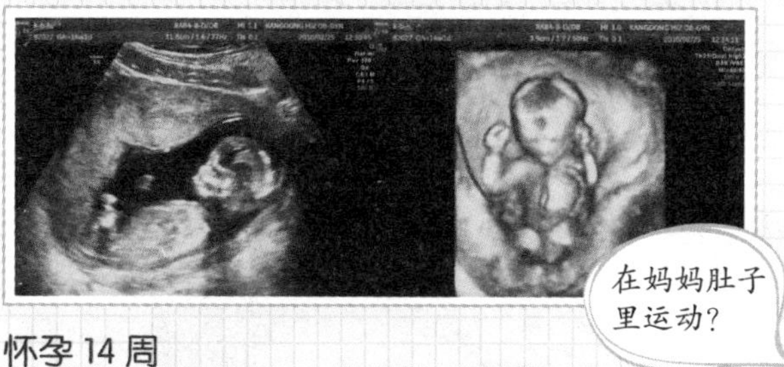

在妈妈肚子
里运动?

### 怀孕14周

一眼就能看出是侧躺？10厘米的金梦尚！
旁边是神奇的精密B超！

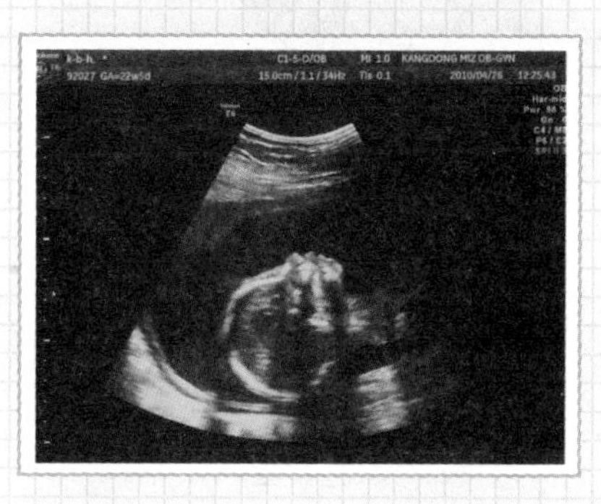

### 怀孕22周

清晰的侧影。
已经不能用一张画面看梦尚了。

……侧脸美人
哦，头型很美，
天生的?！

哇……

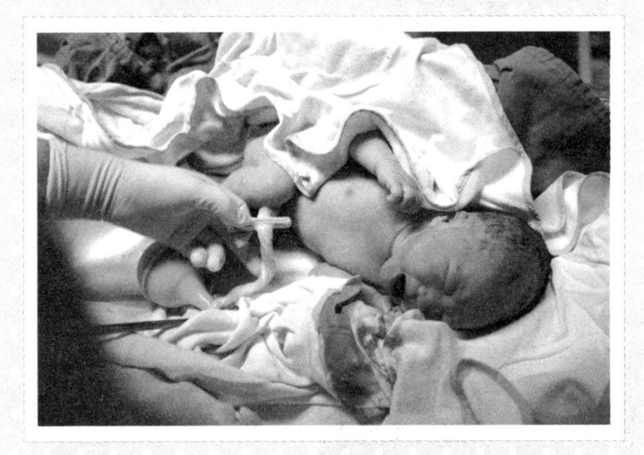

# Part 2. 分娩日记

## 出生了，金梦尚！

孩子的身体和胎盘一起挤出去的时候

呼噜噜地有一种轻松的感受……

婴儿的哭声也不知有没有听到，似乎丢了魂一样，

什么都想不起来。

好像是把孩子抱给我看了一下，但那个也记不清楚了，

我是妈妈吗？呵呵……

盼望的那一天

怀孕第10个月，到了8月末，孕妇檬长胖了20千克。

胖胖的……
圆圆的……
重重的……
到处滚动……

山上假期结束了，要返回学校宿舍，金柰檬也来到了娘家。

不愿回去。
再见！ㅠㅠ
金女婿，再见！

离预产期还有4天，8月27日，凌晨4点因为想去卫生间醒了。

不声不响地爬起来……

从卫生间回来后又躺下了。

哎，
要躺下也不
容易……

刚一睡着的那一刻，就做了被山上拥抱的梦。

我的小猪！
嗯？
学校怎么办？
轻拥

然后

啊！有种奇怪
的感觉……

……所以，又醒了。

遗尿了。

我都几岁了？
天啊……这算什么……
湿乎乎……

原来是羊水破了。

是不是羊水破了？
如果是那样，应该
抓紧时间去医院。
嗯？
羊水破了原来
是这样？像小
便了似的。

那时是凌晨 4 点一刻。

给医院打了电话，医院说现在就得住院，
所以我和爸爸妈妈一起坐车去了首尔。

一会儿就能
见到我们的
梦尚？！
噢！
要和梦尚
见面了！

因为羊水破了一直在流出，我成了
地地道道的“尿床”檬。

啊，怪怪的。
真不舒服……
哼！

住院以后，打着催产剂躺在床上，
感觉心情怪怪的。

躺着阵痛
会更难过。
刚开始就躺
在床上？

山上接到电话也赶了来。

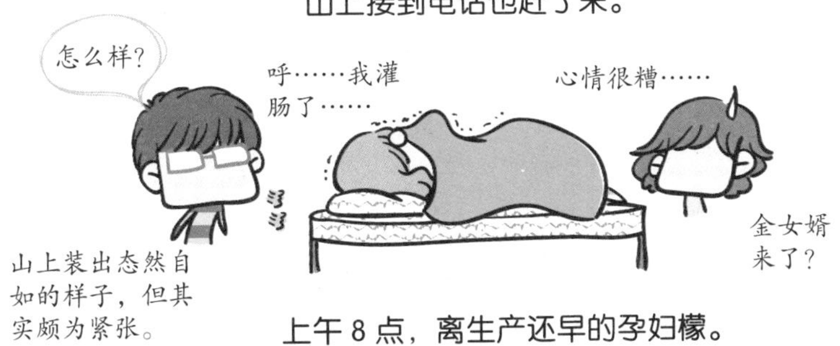
怎么样？
呼……我灌
肠了……
心情很糟……
金女婿
来了？
山上装出态然自
如的样子，但其
实颇为紧张。

上午8点，离生产还早的孕妇檬。

因为羊水破了来医院
了！据说4小时之内
如果不能分娩会有危
险，呵呵，为我祈祷
吧！呵呵……
一点儿都
不严肃地
群发短信
妈妈，
我饿了！
都灌肠了，怎
么办呢……

我还一无所知地爽朗地笑着……

## 金李檬的话——是不是小便失禁了！

虽然挺着大肚子，身上也长了很多肉，
但依然很快乐的怀孕 10 个月的孕妇檬。
预产期前一周，老公的学院举办了开学讨论会。
那个时候的讨论会偏偏是我喜欢的，
平常想去参加也没时间，这样的机会太难得了！
离预产期也没几天，而且老公也不在身边，
所以我住到了在牙山的娘家。
从牙山到老公的学院阳地，周二、周三、周四三天，
我和爸爸妈妈一起去晚上讨论会。
每晚还能见到老公。
心里还暗暗拜托梦尚，让她等讨论会结束以后再出来。
可就在讨论会结束的周四晚上，
确切地说是第二天，周五凌晨 4 点，
因为羊水破了，我也醒了。
刚开始我还不知道是羊水破了，以为是小便失禁。
“我都多大了还尿床？”那时我既觉得丢人，也很惊慌。
但是因临近预产期，有可能是临产预兆，
我就给接受定期检查的首尔妇产科医院打了电话。

他们说，好像是羊水破了，会感染，抓紧时间来医院。
那时候是预产期前三四天。
妈妈和爸爸都一骨碌爬起来，准备去首尔。
三个人的心怦怦直跳。终于要见到梦尚了吗？
去首尔的路上，羊水一直流个不停，
我也一直是尿床了的感觉。
虽然垫了卫生巾，但根本无济于事。
还不如把两条毛巾厚厚地叠起来垫在下面。
7 点住了院，我躺在床上打着催产剂，
等着梦尚的出生。
老公接到电话，也从学校赶到医院。
直到那个时候，
我还在用手机给自己照相，发送文字，欢欢喜喜的。

Tip

即使羊水破了，也不要着急和惊慌，洗个澡、吃点饭再去医院比较好。

因为是第一次分娩，檬以为得赶快去医院，所以也没洗澡、吃饭。一整天，檬空着肚子经历生孩子的过程，最后饿得都使不出劲儿了。呵呵呵。

而且，分娩后也不能马上洗澡，所以事先洗浴一下比较好。

## 是你把我变成这样的

到最后抓老公头发，那还是轻的！

是你把我变成这样的！！！！
为什么我要因为你忍受这样的痛苦！！！！
啊！
啊！
啊！

抓住脖领咬扣子！！

回答我！！！
快回答我！！！
摇摇摇……
镇静……
别说了！！！
闭嘴！！！

撕咬手腕!!!
啊……
疼啊!!!!!!
啊……
我也疼!!!!!!

这种时候我任意妄为，你一定要忍受下来!
我什么时候还能有机会抓山上的头发呢?

马上就要分娩了，
又不能乱顶嘴这可怎么办……

孕妇的奇怪愿望……♥

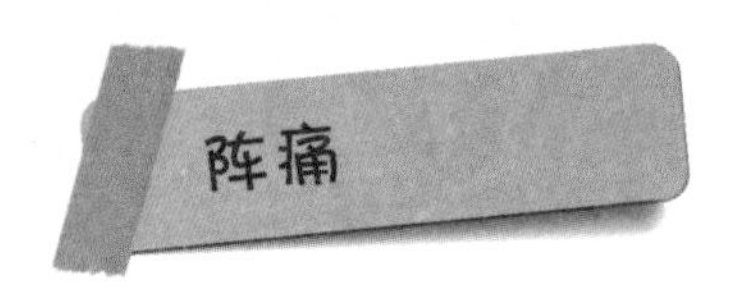

# 阵痛

大家都对怀孕的我说：

你看上去会很容易生。
据说大都阵痛大半天，你可能就30分钟？

姐，一下子生出孩子以后，你会不会说：“生孩子最容易。”
好像檬妈是天生的生孩子的体质。

是的，不知什么原因我也觉得自己会那样。

我们的宝贝不会让妈妈很辛苦的。
会一下子就出来吗？
对，不要害怕，那种积极的想法很好！

## 妈妈的经验之谈

妈妈我快要疼死了!!!

以前，我生孩子时因为阵痛大喊大叫的，

你知道你姥姥是怎么说的吗?

怎么说的?

没有因为阵痛死的女人。

别担心!

@#$&^@ %#★& !!!!!!

颇为认真的表情……

啊哈……

说得是呀!
还是姥姥厉害。

哎哟，我的肚子呀……

没有因为阵痛
死的女人。
别担心。
别说了!!!!!
@*#$!#$@
#%^*#$%!!!!

低估了阵痛，后悔莫及。

这是一种什么感觉呢，
就是因为疼痛像快要死去，然而死不掉的那种感觉。

我已经
死了!
但还没死?
瑟瑟发抖。

总之是什么都无法想起的纯粹的痛苦。

当初我所想象的我的分娩场景是：

管理好
自己的形象。
现在想象一
下你最想去
的地方。
嗯……
能使我从痛
苦当中挣脱出
来的蛋糕店？
我喜欢巧克
力蛋糕！

颇有心情。

开着玩笑，

你猜猜：现在阵
痛还是没阵痛？
哈哈？
呵，
我怎么能知道？
你这个可爱的……

不像是第一次生孩子，完全是一幅享受分娩的画面，可……

现实和我的想象完全不一样……

我忍住，会过去的。
呼……呼……

呼吸

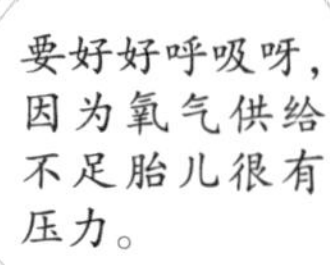
要好好呼吸呀，因为氧气供给不足胎儿很有压力。

脑子里“嗡?！”

分娩之前

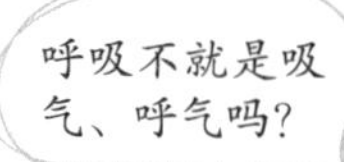
呼吸不就是吸气、呼气吗?

再疼也会呼吸呀，那有什么大不了的。

分娩中（？）

那样呼气不是呼吸！！用鼻子吸气！
哈……哈……?！

分娩过程中的呼吸不光是“呼吸着生存”，
而是要给“腹中胎儿供给氧气”。

疼的时候喊叫，蜷着身体会更好受一些。
这个时候还要集中精神，真是！

疼痛难忍，可还要集中精神好好呼吸，不是件容易的事。

应该用鼻子长长地吸气。

吸……气

用嘴呼气，

呼……气

因为我有鼻炎，所以吸气不容易，
很是辛苦。

使出浑身的力气呼吸。

吸……气，
呼……气。

阵痛初期

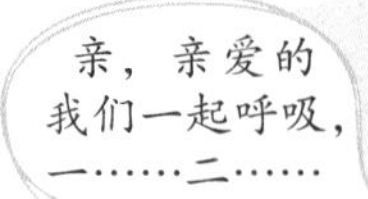
亲，亲爱的
我们一起呼吸，
一……二……

吸气……呼气……
吸气……呼气……

阵痛后期

亲……
亲爱的……
呼吸不能乱
了，和我一
起……
呜！
嗯 @#&@$% 是
你让我变成这
样 #…… 痛 死
了，你还在我
旁边 @$%^@ 滚
@%^@！！！！

以前听到的时候，只是笑了笑。

在实际状况下，我与那个产妇的实际情况完全一样。

来来，呼吸，
一……二……
吸气……呼气……
吸气……呼气……
痛得难以忍受，
很想大喊大叫，
但因为那样孩
子会有危险，
所以，继续着
愤怒地呼吸。

子宫口到底什么时候开呀……

下午2点左右……我恳求着医生给我打止痛针。

使劲儿／用力

子宫口几乎全开了，进了分娩室。

给我打镇痛
针吧……
几乎都开了，自
然分娩会更好。
噔噔噔

从那时开始了分娩的高潮——使劲儿。

阵痛
使劲儿……
再用力，用力，
用力，用力……
休息
休息一下。

阵痛
使劲儿……
再用力，用力，
用力，用力……
休息
休息一下。

在面无表情地重复着“用力”的护士面前……

怎么回事……
瑟瑟发抖

是因为我不会用力还是护士的习惯性语言……

医生还没有来，如果这样一直用力，孩子出来的话怎么办？很多想法在脑子里翻滚。

因为凌晨开始没吃东西，所以阵痛来了也没有了力气。精疲力竭的时候，医生来了。

来，重新用力。

因为是家族分娩室，山上也进来了。

表面上
看起来若无
其事，但内心
却是忐忑不安
的状态。

我以这是最后一次的决心，使出了浑身的劲儿。

啊……哎伊……
全身发抖
像拉便便一样
使劲儿就行。

好像是什么东西一下子被挤出去了的感觉。

婴儿的头出来了！
别使劲儿！！

医生的这一句话后……

后面的事儿就记不清了。

懵……
昏睡过去了……

婴儿和胎盘一起被推出来时，有一种很轻松的感觉。
好像是听到了婴儿哭声，我叫了声“梦尚”，
也好像给我看了孩子的脸，可都记不清了。

生了公主哦！
哇……

分娩后，强大的寒气袭来，全身瑟瑟发抖，我很快就睡着了。

啊……
咔嚓
沙沙
嚓嚓
整理中
筋疲力尽了……

虽然和在电视里看到的，与预想的看着孩子的脸、热泪盈眶的、一生难忘的感人场面不一样，

ZZZ
打呼噜声……

但不管怎样，这个让人惊异的小生命平安地来到了这个世界。

8 月 27 日下午 3 点 25 分，金梦尚出生了。

## 金桼檬的话——现在成了檬妈哦！

9 点过后 10 点开始，阵痛慢慢开始了。
超乎寻常的感觉袭上来。
这时，负责医生进来做了内诊。
首次接受内诊的感觉是：
“喔，怎么是这种可怕的痛苦！！！”
痛是其次的，那种感觉让人很不愉快！
现在理解了为什么其他妈妈们那么不喜欢内诊。
灌肠好像也是这时候做的，
但我都不记得是怎么去的卫生间。

11 点的时候，我的精神已经开始瓦解。
教会的牧师来为我做顺产祷告，
我没能问候牧师，也没听到牧师的祈祷。
与我预想的完全不同，根本没有抓老公头发的精力。
喊也喊不出来，只是“哼哼”地呻吟着。
握着旁边人的手，全身瑟瑟地发抖。
阵痛不是持续的，而是以一定时间间隔出现，

那几分钟的疼痛，达到让人昏厥的程度，
以致阵痛间断的几分钟也让人神志不清。
在那种状态下，阵痛又出现，再咬牙坚持。
因为我有鼻炎，用鼻子呼吸比较吃力。
看到我用嘴呼哧呼哧地吸气，
护士说，用鼻子呼吸才能很好地给孩子供氧，
所以忍着疼痛同时再专注于呼吸,已经没有余力再顾其他了。
只想着扩大鼻子的面积呼吸。
细想起来，那可能就是为了节省分娩时需要的体能
而做的本能的行为。
在没有吃饭的情况下,大喊大叫着打滚的话,该多消耗体力?

大概到了下午 2 点的时候，我恳求给我注射无痛针。
护士姐姐们“10 分钟以后给你打”
“5 分钟以后给你打”一直拖着，
最后说到了 2 点半给注射无痛针，
于是咬着牙，盯着秒针，坚持着。
结果到了 2 点半，做了内诊以后说，子宫口已经开了 3 厘米，
这样一来即使注射无痛针，还没有见到药效之前，
孩子就先生出来了。
所以让我再忍一忍……
后来才知道，看我不打无痛针好像也还能坚持，
所以护士们就一直拖着时间。
我痛苦得几乎要死去！

不管怎么说，从那个时候开始进行得还比较快，
3 点的时候进了产房。
因为是第一次分娩，担心自己不会用力，
但到了最后，自动地使上了力气。
就像要拉大便一样用力。

换了床，采取了分娩的姿势后，
护士姐姐教我用力的方法，看似无心、也很潇洒地
连续地喊着“再用点儿力，再用点儿，再用点儿力”“休息”。
是我做得好，还是因为做得不对所以反复喊“再用力点儿”，
心里很郁闷地想着护士能否指点我一下（心想）。
“在这种状况下，孩子出来的话，怎么办？”
自己还在胡思乱想。

之后，医生终于闪亮登场！
因为是家庭分娩室，除了老公以外，其他家人都退了出去。
老公以不知道怎么办才好的神情（但依然是很潇洒的表情）
很心疼地看着我。
我是使出了全力，但因为太饿了，
后来阵痛再次来袭的时候，已经使不出一点儿力了。
“累得真的不行了”，这样想着使出最后一点儿力的时候，
好像有什么东西一下子被挤出体外的感觉，
紧接着听到：“停！”
在那之后，记得是医生给做了处理。

剩下的孩子的身体和胎盘一下子出去的时候，
有一种“呼噜噜”很爽快的感觉……
有没有听到孩子的哭声，
因为神志恍惚都记不清了。
好像是把孩子放到肚子上给看了一下，但那个也记不清了。
我是妈妈吗？呵呵……
只想到“啊，结束了”……紧接着感到的是极度的寒冷，
使得全身簌簌地发抖。
原以为会看到老公眼含热泪，
说：“终于见到你了，梦尚！”
但在全然不知我的孩子被送到哪里去的情况下，
我只觉得又冷又困。
盖上三床厚被子后，我好像就睡着了。
辛苦了，孕妇“檬”，现在是檬妈了！
8 月 27 日下午 3 点 25 分，
2.6 千克超可爱的金梦尚出生了！

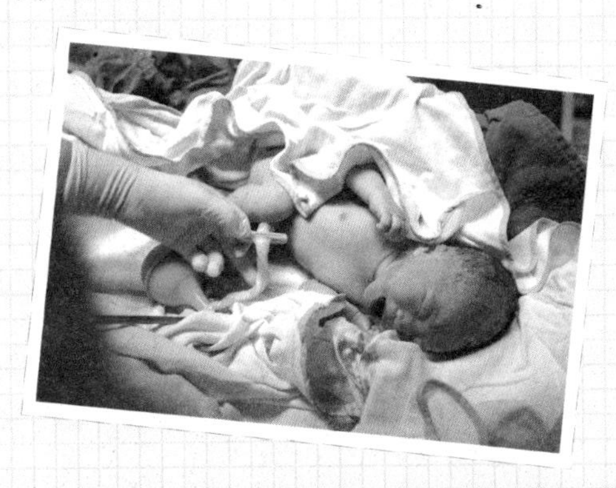

# 健康的婴儿

偏瘦的身材成了这个时代的趋势，
波及孕妇的减肥热潮！

如果长胖太多，生完孩子以后也很难减肥。
得调整体重。

全盘否定孕妇减肥！

那些不是真心为胎儿的态度！！
如果孕妇减肥胎儿靠什么成长！！

为了胎儿的健康而大吃特吃！

宝贝儿，你要健康茁壮成长……
妈妈可不做减肥那种事儿……
多吸收营养，好好成长！加油！
增加20千克

生完孩子，婴儿体重 2.6 千克

我只让自己长胖了？
宝贝……难道没有多少是你能吸收的吗……

不是以高能量，而是以高营养食品为主才好……

## 醒过来了

稍做休息后，醒来的金柰檬……

啊……我睡着了吗……


醒来后，仔细一算，阵痛也不过才 5 个小时，
可怎么觉得是阵痛了一整天。

可不要到别的地方说阵痛了很长时间。
呵呵……
阵痛 17 小时
姐姐，真了不起……
我认识的朋友中阵痛时间最长纪录者


总之，我完全恢复了神志！

像做了一场梦……
我是生了孩子吗？


是什么程度呢……

在去吃饭的路上：

什么时候可以吃饭呢？
这位产妇怎么……
病号饭！病号饭！申请了特餐！
扑通扑通！
这种程度。

但恢复的只有神志。

啊……坐不下去……
猫着腰……
这可怎么办？
下身痛得坐不下来……
妈妈
婆婆
但是站着也吃力……

膀胱处于麻痹（？）状态，小便也很痛苦。

啊！想要小便……
但尿不出来……
结果连饭也没吃完。
啊，疼……
19禁
医生说，头一天一定要小便。

脸也浮肿……

啊！我
的脸！
用力的时候脸上的毛
细血管都爆裂了。
像鬼一样！！

身体的确不是正常状态。

嗯，痛……
真痛啊……
这可怎么办？

但心情很好。

产妇用文字进行分娩过程
转播，你应该是第一个。
啊，是吗，呵……
明天去医院看你，身体
还好吗？
还好，痛得我要死掉了。
骗谁呢！
嗯，是真的，呵……
全身疼痛……
总之心情很好。

来探视的人们带来了很多好吃的东西，
金柰檬喜上眉梢。

都给你吃。
哗啦啦！
嘎！！！
真幸福！！
尽管全身疼痛……
躺在床上也
高呼万岁！

爸……爸爸！
现在该快点
儿恢复身体。
也该减
点肥。
我只增加
了20千克！

公公温和的一击。

## 作为妈妈的生活正式开始了

分娩 4 个小时过后，晚上 7 点半
左右梦尚终于来了！

噢……
啊啊……

首先映入眼帘的是真的很小的身体。

2.6 千克比别的婴儿还小！
太……太小了……
超小可爱
头真的只有拳头一般大……
像个娃娃……

第一次喂奶……

小心，不要堵住婴儿的鼻子。
噢……噢……在吸……
咂咂
在吸哦……

也试着换尿布……

这……这不是过家家游戏。
全身散发着柔弱的光芒！
柔弱柔弱
娇弱娇弱
初生初生
啊……没法摸…
像一碰就会折断一样……

连哭声都让人发痒哟，我的宝贝！

哇……
哇……
嘴张得也不大。
啊！像效果音！我竟然能听到真音！！
快哄一哄！

很老实、又小、又可爱，全家人都陷入感动的热潮中。

但是，感动也是暂时。

哇……
哇……


孩子不给妈妈休息的时间。

嗯？为什么哭
呢？又饿了？


生出来并不是结束，产妇身体都还没恢复就
要担负起母亲的责任。

哇……
哇……
尿布？
热了？
不舒服？！
没照顾婴儿已经很
长时间了、都忘记
的妈妈。


手忙脚乱

第二次“世界大战”后，没有空白，紧接着进入第三次“大战”。

分娩第一天

坐着依然痛苦……

呼……
呼……

腿瑟瑟发抖。

因为坐还很困难，所以手腕上总是用力，担心日后……

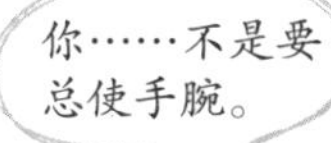
你……不是要
总使手腕。

手腕会留
下后遗症。

我知……知道……
可是没办法……

因为小便流畅，给人感觉恢复得不错，所以
食欲也大振!!

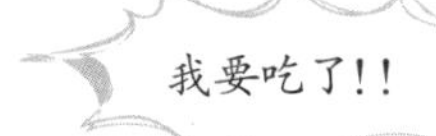
我要吃了!!

什么时候不好过吗?

今天的病号饭是
参鸡汤!!嘎!!

## 分娩第二天

喂奶姿势也得到矫正……

往后靠的话，孩子不容易吃奶。
噢！是吗？痛得我不知不觉地往后靠，使得……
怪不得吸得不好……

一边坐浴，一边聊天。

哎，很疼吗？
不要问，先怀孩子再说。
新婚一年
高谈阔论

我的宝贝可爱至极。

噢……
真小……
神奇！
可爱！
说我小的话，妈妈好像已经说了一百万遍了。

虽然也很辛苦，但却是十分快乐的住院生活。

因为还年轻
所以恢复也很快!!

体力过剩的产妇加油!!!

……这样的庆祝姿势现在还不可能。

嗯……
只好先心情是这样……

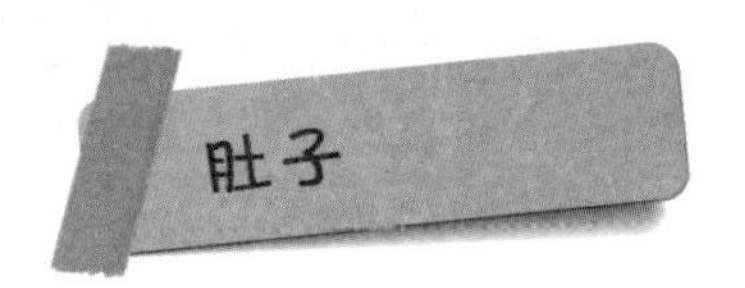

# 肚子

你的肚子里还有孩子吗？

啊！！
是啊？！
这肚子怎么回事？！

分娩后，肚子一点也没消。

怎么回事？这都是我的肉吗？

到底还是我吃得过多了？
怎么减肥？我真的成了猪檬？
坐立不安！

本来就该是这样。

肚子要都消的话，大概得一百天。

……啊……

万幸啊……

犯困

分娩后，住院期间为了让产妇好好休息，
由新生儿室负责照看孩子。

妈妈和我却一直把梦尚留在了病室。

啧啧啧啧……
托付给别人？把这么可爱的宝贝？

以致新生儿室打来电话催。

要给孩子洗澡，请抱来吧……
好的。
让抱去吗？

新生儿没有白天和夜晚，生活方式没有规律。

我行我素的日子降临了。

成为母亲之后，首先要放弃的应该是睡眠吧。

噢，困死了……
孩子睡的时候抓紧时间睡一觉。

住院的最后一天晚上，妈妈和我两个人都困得难以支撑。

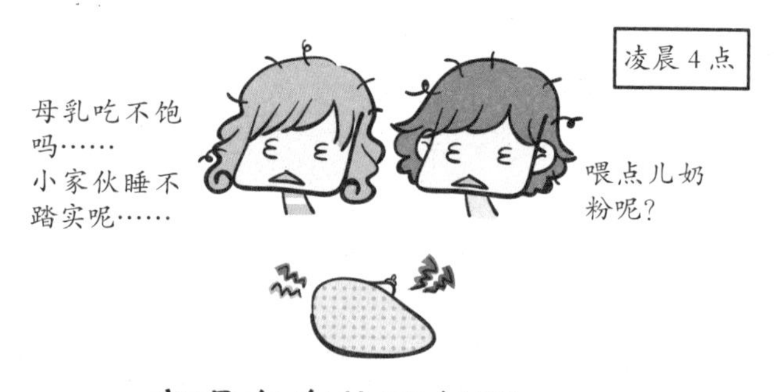
凌晨4点
母乳吃不饱吗……
小家伙睡不踏实呢……
喂点儿奶粉呢?

我现在有些不舒服。

喝了点奶粉，才被送去新生儿室。

凌晨 5 点，又来了电话。

孩子好像
饿了。
来喂奶吧。
好的……
一个小时都
睡不了……

在那种似醒非醒的状态下，度过了
两夜三天，平安地出院了！

向娘家出发！！

因为山上要住在学校宿舍，所以柰檬决定
山上放假之前的三个月，在娘家坐月子。

## 金柰檬的话——住院生活

分娩 4 个小时后，晚上 7 点半左右，梦尚来了。
啊，梦尚太柔弱、太小，都不知道怎么去碰她。
分娩之后，我曾在星空遨游的精神回到现实，
看到孩子时，只有感动（怎会是这种迟来的感动）。
马上给孩子喂奶，虽然是第一次，孩子吸吮得真不错。
哎哟，可爱的宝宝！柰檬心里感激，又感激！
从怀孕期开始乳汁就很多，看来奶是够宝宝喝的。

但是感动也是短暂的，
在医院的三天时间，连一个小时也没能好好睡。
孩子不能熟睡，我总怀疑是不是因为肚子没吃饱的缘故，
所以送到新生儿室时拜托护士给喂一些奶粉，
但梦尚还是不能熟睡。
所以虽然很疲惫，也只能每隔 1 个小时就起来喂奶！
柰檬和妈妈两个人躺在母子同室病房的病床上，
一觉都没能睡，睁着眼熬着。
住院期间的 3 天，柰檬上午接受治疗，
查看会阴部的伤口并进行消毒处理，极其简短的治疗。

但的确非常疼！呜呜。
白天认真地做两次坐浴，去探视孩子，也小睡一会儿。
来探病的朋友们买来零食让我很开心。呵呵呵呵！
但因为下身疼痛，坐下或换姿势的时候，
手腕用力就大。
虽然也知道这样对手腕不好，但也没有别的办法。
会阴部太疼了。呜呜。
还有比较频繁地叫来护士姐姐矫正喂奶的姿势。
因为会阴部疼痛，坐着的时候总是往后靠，
弄得孩子吃奶比较吃力。
还是晚上躺着给孩子喂奶比较舒服。
那样过了三天，很快到了出院的那一天，
因为老公是研究生，柰檬决定先住在娘家进行调养。
怦怦（心跳加剧）！梦尚！我们要友好相处哦！

头只有拳头
一般大……

这是哪来的儿子……
脏脏

# Part 3. 育儿日记

## 不安不安，生下来并不是万事大吉！

根据月龄婴儿的发育程度略有差异。

但所谓的平均只是平均，

没有必要因为孩子没有达到平均值而焦躁不安。

孩子发育稍快就颇为欣慰，发育稍慢就忧心忡忡，

大概是妈妈的普遍心态。

其实大部分孩子都会正常发育，不必总是担心。

洗澡

挑战第一次洗澡!!!

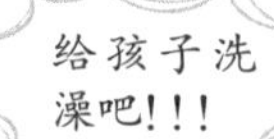
给孩子洗澡吧!!!

好!
柰檬的妈妈
柰檬

争执不休

水太热了!!

不是的，得到这个程度!!

笨手笨脚

好好扶呀!
啊……孩子滑下去了!!

手忙脚乱

孩子冷！
孩子冷！！
快包起来！
快包起来！！

似洗非洗的样子，但已筋疲力尽……

呼呼
说什么呢，上一次已经是20多年前的事情了啊……
请柰檬的姥姥帮助吧……

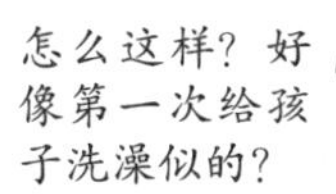
怎么这样？好像第一次给孩子洗澡似的？

我养了7个孩子呢！

高手！

高手！

母乳喂养

最近都主张母乳喂养，我自然
也想着要喂母乳。

不管怎么
说奶粉很
贵呀?!
不是说母乳
更好吗?
正好啊!
有点穷酸相

但是这母乳喂养……

想象

是多么美丽祥和的画面啊！

绝对是不应轻视的……

现实

啊……
啧啧

让人发疯的痛苦！

不了解的人会说婴儿吸奶能有多疼，但真的是身上的肉被撕裂的疼痛。

哼……
咬牙咬得都要碎了。
咂咂
不要咬牙，牙会坏的……
心焦的妈妈


吃奶的时间也完全是随意，吃了一个小时还……

咂咂
啊，腰疼……


过一会儿又要吃。

什么呀，又？
让妈妈歇会儿啊，孩子！


想起了护士姐姐说过的
孩子含着乳头的时间不一定与吃奶的时间成正比的话。

加上早有耳闻的第二次阵痛——乳房痛来了!

啊，
真疼啊!
硬硬的!!

像石头似的……

睡觉时，因为乳房疼，都能疼醒。

疼痛难忍
啊……
痛!!
一定要说明的话，乳房好像患了肌肉痛疼痛难忍的感觉?

但是，奇怪的是，每当看着我的宝贝用小嘴吃奶，这些疼痛和艰辛就都忘记了。

啊……
在哪儿学的吃奶……
真的太可爱了……
泪汪汪
咂咂
我爱你……

服不服

我从怀孕 6 个月左右开始，就常有乳汁流出。

啊！又都湿了！
剩不下干净的上衣。

不知道是不是那个原因，刚生孩子以后，初乳也蛮充裕的。

奶水很丰富的。
噢噢，是是是吗？
咂咂

因为我的母乳丰富，所以
刚开始乳腺被堵住了，

让我重新认识的、令人感谢的乳房痛。

母……母乳多了才会胀痛啊！！！
我的宝贝饭很充足，感谢哟！！！
我能忍！！

我的妈妈

回到家以后，我的妈妈
真是竭尽全力地伺候我坐月子。

躺着。

每一顿饭菜都是用心做。

什么费力气的活都不让我动手。

不要做。
你躺着。

晚上为了让我好好休息
孩子也是妈妈带着睡。

今晚我来
照顾孩子。
没关系。
你进去
好好睡。
储存的
母乳
身体还没
恢复呢！

妈妈晚上也休息不好，还要
接待来看孩子的亲戚们……

啊，
来看孩子。

妈妈应该也筋疲力尽了，又照顾女儿、又照顾外孙
的妈妈的献身精神，真是让我无以言表……

我的小宝贝
快快睡
……
乳房胀痛好
些了吗？
似梦非梦。
嗯……
感动！

给梦尚喂奶……

咂咂

想起以前看过的舞台剧中有关娘家母亲的一个场面。

我不可能像我妈妈对我那样，对我的女儿!!
呜呜呜……

我能像我的妈妈给我的爱一样给你那么多爱吗……

潸然泪下……

姥姥说：

哎哟，
小宝贝！
回想起来，妈妈也是默默地付出了很多爱给我，是吧？

是啊，你现在把那份爱再给你的女儿……
一晃一晃

所以说父母的爱是无私的……

妈妈，谢谢你……我爱你……
我也会把这份爱给我的女儿……

抽泣……

# 坐月子

我并不是那种很爱惜自己身体的人。

坐月子的时候据说要捂得严严实实才行。
你得在夏天里坐月子，很辛苦，怎么办呢？

嗯？一定要那样吗？

也许是因为生孩子之前就听了很多关于可怕的产后风的缘故吧！

因为没能坐好月子，得了产后风……
手腕动辄就酸疼。
都不能弯腰了。
我经常去针灸。
月子坐不好的话，
我将把你的身体变得千疮百孔。
产后风
噢，好可怕。

因此，我变得格外爱惜身体。

长袖衫、长裤睡服、袜子三件套齐备。
啊，热……
出汗……
黏黏糊糊……

切身体会到了夏天生孩子坐月子会很苦的老话。

想吃的食物？
No.1
冰的大麦茶
大汗淋漓……
真讨厌喝温水！
就是冬天也要喝凉水的女子——我……

在就连洗澡也不能不注意的话的影响下，

我是生完孩子后，过了一个月才洗的澡。
护士姐姐
呼！真的吗？

忍了又忍，实在是不能再忍了，
过了一周后，只洗了头。

洗头也完全是重体力活的感觉。

今天我的工作就此结束，晚安。
上午9点
壮烈牺牲……

而且那么热的天又不能吹凉风，湿乎乎的头发又被汗弄湿……

更详细的说明就省了。
我为什么要洗头……
呜呜呜

但是，我认识的一位姐姐……

我在月子中心两天洗一次澡。
嗬……真的？没关系吗？

当然，那位姐姐现在也没有酸痛的地方，身体很好。

在国外也没有什么特别的产后调理过程，
不知道东方人怎么这么特别。

在美国不那么小题大做。
美国人海伦
是不是因为东西方人的体质不一样？

没必要受着过大的压力捂着自己，可以适度地、
适当地、愉快地做想做的事！

悄悄地喝杯掺进凉水的水。
偶尔也用凉水洗个脸。

便秘

出院时，医院给开了便秘药。

也许会出现便秘，那时服用吧。

噢……好。

只听周边人的分享经验，就有很多人产后因为便秘受苦，所以有些紧张。

啊噢……
想象每次便秘时的那种痛苦……真是超难忍。
就是小便也不容易，大便就更……嗯……
19禁

但这是怎么回事呢？

比分娩之前还
通畅！！！！
哈！！
而且每天
两次！！！！


也没有有意识地多吃蔬菜什么的。

上天的
恩惠呀！
这种轻快感！


好像要飞起来。

# 金荼檬的话——第 1 周：娇小而温暖的生命体

## 1. 乳房痛的开始

今天梦尚的脐带掉了！终于成为独立的人了？

分泌乳汁的量好像逐渐增多了。

用吸奶器吸奶一边就能多达 120 毫升。

梦尚的吃奶时间也逐渐缩短。

在医院的时候，要吃上一个小时的奶，

现在最长也就是 20 分钟左右。

但是喂奶时，乳头的疼痛很是让人痛苦。真的太痛了。

也买了喂奶时把保护膜覆盖在乳头上的乳头保护器，

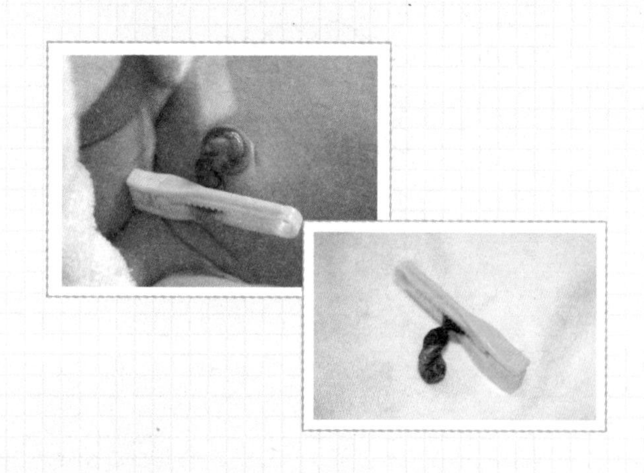

但孩子吃奶时不好含乳头，每次喂奶时都要套上也很不方便。
两个乳头都淤血浮肿了。呜呜。
但是看到我的孩子嚅动着小嘴吃奶，还可以忍耐。
接着乳房痛慢慢开始了。
将其称之为第二次阵痛，似乎真是贴切。
但还是比阵痛好多了。
阵痛是永远不想再经历的纯粹的痛苦。呵呵呵呵呵。
乳房痛时乳房胀得很硬，
妈妈和老公很尽心地按摩揉开。
那是乳房像长了石头被压迫的感觉。
上门按摩服务因为费用太高，压根就没敢想，
据说贴圆白菜很有效，但没有试过。
因为怕用过圆白菜以后，会再也不想吃了。
“我喜欢圆白菜！
不想因为这个再也不吃植物纤维极其丰富的圆白菜！”
因为这么一个让人发笑的理由。
（但其实可能是更怕麻烦……）
痛苦三天以后，疼痛逐渐消失之际，
晚上睡觉的时候，乳房又开始因为分泌乳汁增多发胀而疼痛。
乳房胀得换个睡姿都吃力，
溢乳垫都被浸湿了。乳汁一直不停地流？！
那时乳头好像要“怦”地飞出去，乳房像要爆炸一样。
凌晨坐在卫生间关上门，
揉着惺忪的睡眼，不停地把奶吸出来用以储存。

## 2. 可怕的情绪波动

清晨做了噩梦，是妈妈推搡我的梦。

说我和梦尚已经让她厌烦至极。

在梦里我流下了暴风雨般的眼泪。

想着不应该被这些左右心情，但感情还是变得很敏感。

姥姥来看孩子，看到我躺在地板上，说：

“那样身体会受寒！好好坐月子，以后才不会吃苦！”

那些话，不知怎么那么让人伤心？

现在想起来虽然无法理解，

但分娩后身心都变得如易碎的玻璃一样。

Tip

分娩之后，会有很大的情绪变化。会因为很小的事情流泪，犹豫的情形变多，如严重会变成产后忧郁症。但这并不是异常现象，而是因为分娩出现的很自然的症状，这是由激素变化引起的，这种症状过一段时间就会消失。这一事实给了我很大的安慰。现在这些忧郁的想法，其实不过是一个过程而已！现在是激素在作怪，再过一段时间，孩子会让你更辛苦,因此就当成是保护心情的提前训练就好！

## 3. 拆完线，好像要飞起来了！

分娩后，过了一个星期，终于拆了会阴部的线。
感觉行动起来轻快多了。难道是因为线才痛的吗？
分娩后，以为住在医院的 3 天内就能恢复，
还担心“我这么年轻，恢复怎么还这么慢？”
我认识的一个姐姐，据说抹药、吃药就十多天。
还有的姐姐，一进月子中心就两天洗一次澡。
天哪，那样也可以吗？
但是，医院给的“分娩后注意事项”里说：
直到恶露结束都不要冲澡。
因为听了很多关于产后风如何可怕的话，
又是第一次分娩，
说实话心里害怕担心也是事实，
身体搞垮了不是自己的损失吗！
总之，分娩后的第 8 天，因为汗味直冲鼻子，
我下了很大决心，晚上偷偷地冲了个澡。
冲洗的时候很清爽，
但因为用温水洗浴，体温上升，洗完之后又大汗淋漓，
又不能用风扇和空调。我为什么要洗澡呢？为什么？
我以前在冬天的时候都喝凉水，
现在大夏天要喝温水，真是腻味得要发疯。
真想喝透心凉的冰大麦茶！呜呜。

## 撒睡婆婆娇

第一次看到我的宝宝撒睡婆婆娇、睡着了还在笑。

睡中笑颜
嘎!!!!!!

世界上的任何东西都不能
交换的真的暴风般的爱的微笑!!……

太迷人了!
太迷人了!
啊……啊……
咔嚓咔嚓!

但是，这睡婆婆娇……

梦尚，睡吧……
睡吧……
睡吧……
妈妈也困了，
梦尚睡吧……
睡吧……
睡吧……
摇啊摇啊
半睡眠状态

扑哧
你看到妈妈发困的样子，
好笑吗？啊？

可真会捕捉时机呀 ×1……

唉……
啊，醒了？
来了来了！
通通通！

什么啊？
没醒。
吁……

唉……
啊？醒了？
来了来了！
通通通！
吁……
什么吗？
还在睡。
（嘴角一边上扬的）
微笑……
你这样捉弄妈妈
好笑吗？啊？

可真会捕捉时机呀 ×2……

但是还是我的乖宝宝……

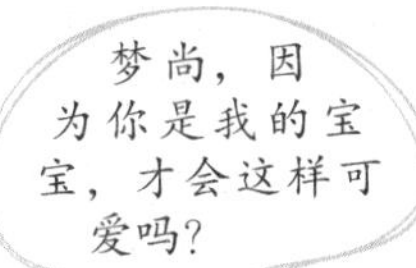
梦尚，因为你是我的宝宝，才会这样可爱吗？

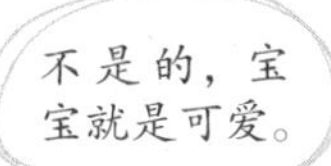
不是的，宝宝就是可爱。

对对，
就是可爱，喀喀喀！！

又是一边嘴角上扬的微笑。

这里有两只刺猬（刺猬也觉得自己的孩子最可爱）。

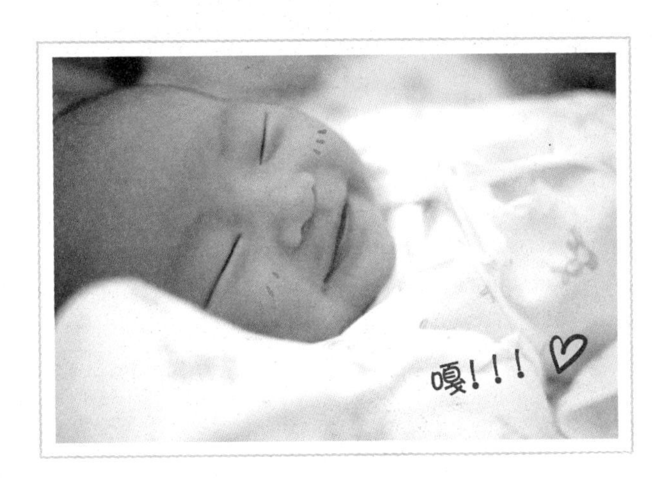
嗄！！！

# 妈妈的烦恼

成为妈妈已有一个星期。

嗯…
凝视


陷入烦恼的檬妈……

难道是我不正
常吗……


到底是什么？
这种感觉……

孩子的确很可爱，但还没有这
是自己孩子的真实感受，好像
是暂时照顾别人的孩子，或照
看宠物的感觉。

?!

不光是我自己这样!!!

我以为是我自己
没有母爱呢！

现在还没有确定
这是我自己的孩
子的真情实感。

起名

终于起了名字！

金亚仁

下了很大功夫起的名字啊。

噢，不错不错！清新、独特、又像女孩子。我喜欢！！！

用西伯来语是“泉水”的意思。

啊……
意思也好！！
永不干涸的泉水——亚仁！！

亚仁

嘎，
汉字的意思
也很好！
泉水，亚仁……

好好听的名字
太喜欢了！
是啊，
不错！

那么就以“亚
仁”报户口啦？

不仅好听，而且一听就是很文雅的名字。——檬妈很是喜欢。

据说，邻居
的女儿名字
也叫亚仁。
但是……

嗯？
真的？

和演员刘亚仁
一样哦。
要培养成为
演员吗？

啊？
谁？
那时候还
不知道。

我堂妹叫亚仁。
我侄子也是。
我朋友也。
我亲家的
远亲也是。

起完名字发现有那么多重名的……

但还是喜欢。哼。

要成长为亭亭
玉立的美女。

## 我家宝宝的名字一定要……

在一次采访中发生的笑话。

那么，洙熙小姐是从什么时候开始这个工作的呢？
什么？
您刚才说什么？

啊……作家您的名字不是洙熙吗？
嗯？那是我先生的名字。


原来采访前，
记者为了了解我的原名，
在搜寻金柰檬网页的时候，

怎么说作家的原名起码应该要知道。
啊！是邀请函！
OK！大功告成


搜到了结婚邀请函。

soohoon+byounghyon
金洙熙 & 金炳贤
DATE 5月9日结婚典礼
PLACE ××××××
怎么两个都是男的……

我也想了半天，但觉得洙熙这个名字更像女人的名字，所以……
对不起
记者

我的孩子的名字一定要起一个女孩子的名字……

起一个不管是谁看了都说像女孩子的名字……

嘟……

怎么了？
有什么事吗？
囔……

第一次感冒

出生第10天，梦尚发烧了。

啪……
啪……
鼻涕流出……

哎呀！孩子好像感冒了！

说实话，流鼻涕的感冒不算什么，
但是巴掌大的新生儿得感冒，让我们全家手足无措！

怎么办？？！！

呼噜

恰逢是周日，很多医生也不上班。

你给你住院生孩子的医院打电话看看！
吸……呼……
吸……呼……
好，好，好吧……

给我生孩子的医院妇产科新生儿室打电话：“新生儿流鼻涕……”

新生儿流
鼻涕……
也发烧……

也给常去的药店打电话咨询。

出生10天的
孩子可以喂
感冒药吗?

他们说，要喂药孩子还太小，
也没烧到去急诊室的程度。

嗯……
怎么办好呢?
38℃左右……

这一天，想尽办法让孩子退烧。

退烧吧……
退烧吧……
沙沙
湿毛巾

很庆幸到了晚上，烧也退了，状态也好转了。

噢噢……
36.9℃。
感谢上帝……

希望以后不要再病了，
小东西得病真的让人手足无措。

你哪有可病的
地方呀？
我不太难受呀，
怎么这么小题
大做呀？

## 金杢樣的话——第2周：蠕动的金梦尚

### 1. 感冒了！

傍晚的时候，还没有完全睡醒就给梦尚喂奶，

可能是那个时候着凉了，我一个劲地打喷嚏。

那天晚上，突然又是发恶寒、又是浑身难受，流了很多冷汗！

第二天，梦尚也感冒了！啊—— 宝宝！

鼻子呼噜呼噜的，堵住了，觉也睡不好，还有低烧！

只有一周大的新生儿感冒，应该怎么办？

那天正好又是星期天，很多医生也都休息。

给梦尚出生的妇产科医院打电话咨询，

也给附近的药店打电话，全家都乱了套。

因为是只有一周大的新生儿，也不敢随便用药，

所以只能用湿毛巾给擦擦身子降温。

其实只是升到37.8℃，不好说是发烧。

但不管是谁，自己刚出生的宝宝感冒都会惊慌失措。

观察梦尚和周边的宝宝，流鼻涕的感冒非常多。

如果新生儿因为鼻子堵塞睡不好，除了妈妈有点辛苦以外，

发烧不是很厉害，就不用太担心。

## 2. 金亚仁

终于给孩子取了名字！金亚仁！
其实是怀孕 7 个月左右时，老公想出的一个名字。
后来，在几个候补名字中，最终决定选择“亚仁”！
因为我的名字太像男孩子的名字，曾有过很多误会，
所以很想给我的女儿取一个女孩儿的名字、可爱的名字！
“亚仁”希伯来语的意思是“泉水”。
光听名字就好似玲珑清雅！
是的，我们的宝宝是泉水，能滋润干枯土地的泉水！
“祝福你能有那样的人生，宝宝……♥”

## 3. 烤鱿鱼的馒头猴

这段时间，宝宝变得白白胖胖。是因为奶水好吗？
脸蛋成了胖乎乎的蜡笔小新的脸，小下巴都变成了两层！
睁大眼睛的时候，额头上就会出现皱纹，
我把那种状态称为“馒头猴”。
而且，有人在金柰檬网页上留言，
因为生孩子没多久，所以还感觉不到是自己的孩子，
只有在照看别人的孩子或照顾宠物的感觉。

那个表达真是很准确！宠物。嗯呵呵呵。

……写到这，感觉怪怪的，说自己的孩子像宠物。

“我是妈妈吗？”

晚上，宝宝一个劲地哼哧，

睡得好好地突然听到“哼哼”的声音，

吓得我霍地坐起来看她，

她睡得很安稳，那样扭着全身睡觉也还是很安稳。

托她的福，妈妈和我却没法睡觉。啊，困死了！

白天上了一小会儿网，

偶然知道了，

宝宝们扭着全身睡觉的样子被比喻成“烤鱿鱼”。

很有趣的表达！宝宝全身蜷缩的样子还真像烤鱿鱼。

整晚烤着鱿鱼的小家伙，白天也睡得如此安稳！

## 爸爸山上先生

分娩之前

看那些有孩子的同学、前辈可真不容易啊。

每天要么早回家、要么不来学校，没办法好好上课。

大学研究生

是吗?

是不是等梦尚出生了老公你的第二学期也会泡汤呀?

喀喀喀

说什么呢?我是那种该做的事一定会做的人。

曾豪言壮语的山上

分娩后

某个工作日的白天

嗯?金女婿不上课吗?

柰檬的妈妈

请假来的……

我的宝贝女儿……

爸爸、妈妈外出
嘿?!
老公没课
吗?!
你不是说
自己照顾孩子
吗……
我的宝贝女儿……
随时来
金女婿?!今
天也没课?!
不上了。

做该做的事一定要做的山上先生……

周日去首尔，周一到周五在学校，
其间还抽时间到金柰檬娘家报到。

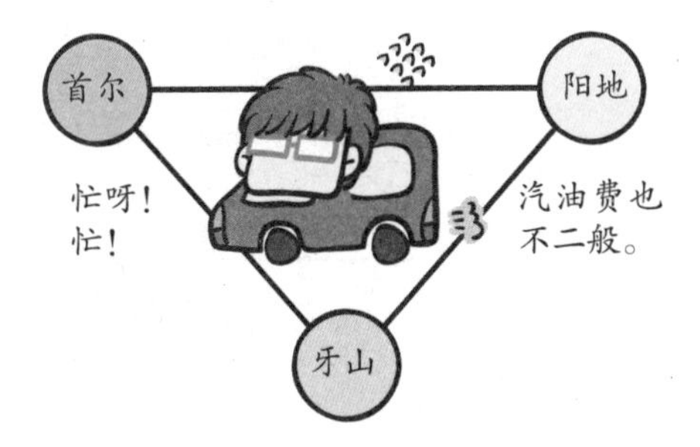
首尔
阳地
忙呀!
忙!
汽油费也
不二般。
牙山

眼角上扬
是不是很
像我？
脚也是尖尖
的，和我一
模一样。
眼一边上扬的
微笑！我小时
候也经常做这
种表情。
啊，真的
跟我一模
一样。

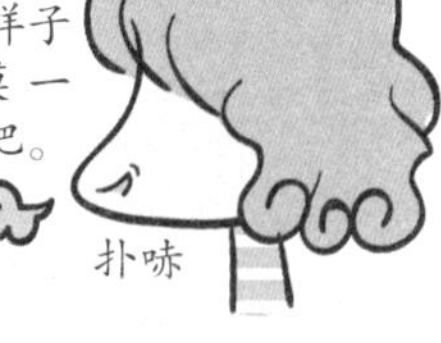
鼻屎的样子
也一模一
样，好吧。
扑哧


这里还有一位女儿痴哟！

教会的执事说：
看到孩子和自己
长得很像，
感觉非常微
妙……

现在能体会到那句话……


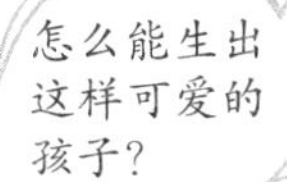

怎么能生出这样可爱的孩子？
真的尊敬我老婆……
哈哈


体会到生命之奇妙的人不只有檬妈。

不论怎样明天的课得去上啊？

啊，真不想去……


新手爸爸不舍离去的脚步。

第二天

我现在回家！
又回来？！
不上课吗？！

## 奇特的家庭

偶尔睁大眼睛时，额头上出现皱纹的梦尚。

皱眉
“馒头猴”皱纹
真可爱！

最近长肉了，
也有了圆下巴。
是“馒头猴”，
“馒头猴”。
哈……
好笑？
猴子！！！
呵……

别人说：有狐狸精
似的老婆、小兔子
一样可爱的孩子。
所以呢？

我们家有猪一样的老婆、猴子似的孩子。

呼！
哼？

还有驴一样的老公。

呼！
扑哧
扑哧

奇特的家庭！

# 妈妈的奶最好吗?

两周大的时候,
梦尚吐出安抚奶嘴一直要奶。

呸!
给我真
的奶!

把储存的母乳倒进奶瓶放进她嘴里……

来,吃奶。

但是,却听不到咽奶的声音?!

担心含着奶嘴入睡成为习惯,就拔出了奶瓶。

嗯?
怎么只喝了
10毫升呢?!
含了那么长
的时间呢?!

但是小家伙却气呼呼一直要喝奶……

哈哈
哈哈
干什么你……

被一直踢腾哭闹的梦尚折磨着……

颤抖着
大哭
到底想怎么样?
你也不吃……

难道是想吃妈妈的奶？于是抱起孩子喂奶。

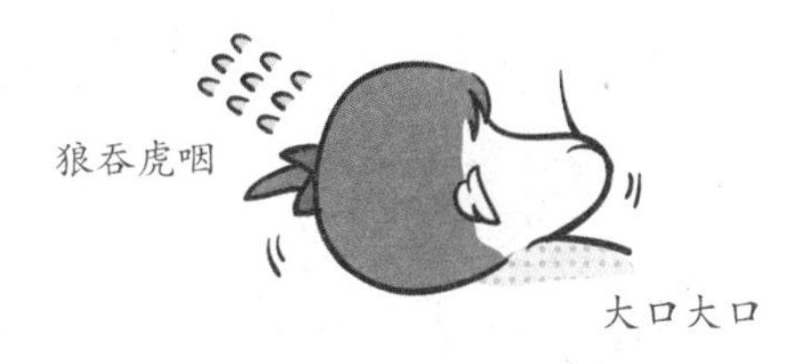
狼吞虎咽
大口大口

那时才开始大口吃奶的我的宝宝。

宝贝……原来是不想要奶瓶、安抚奶嘴，
是想要吃妈妈的奶……对不起，宝宝……

鼻子发酸……

鼻子发酸，觉得对不起孩子的檬妈。

第二天……

这个奶嘴好像堵住了。
你吸吸看。
嗯？
昨天用过的奶瓶的奶嘴！

咦，这个怎么是堵着的！？！？

奶嘴堵住了，不易流出。

昨天不是光
含着……
而是想吃却吸
不出来才着急。

妈妈却不知道实情，还习惯呀什么的错怪你了。
对不起，宝宝……对不起……

对不起……

知道就行了！
呼……
昨天我是多么
感动来着……

## 母亲与女儿

那样抱孩子不舒服。
来，给我。
哼……唧……
那样才好抱。
里面的薄被应该裹紧才好。
是吧，宝贝。嘟……
嗯……

在妈妈眼里刚成为妈妈的檬尽是失误。

高手妈妈就是厉害。

闪闪发光
我什么时候能照顾好梦尚呢？

但是，老将妈妈也……

嘎
梦尚……
哎 哟，
怎么那样乱
举孩子！！
妈妈
姥姥

怎么那样给
孩子洗澡！
那样能洗
干净吗？！
姥姥
妈妈

妈妈被超高手姥姥训斥。

在妈妈面前，女儿都是孩子啊。

喀喀……
好笑吗？！
啊？！
把孩子
给我。
连孩子的
孩子也不
懂的人。
柰檬
妈妈
姥姥

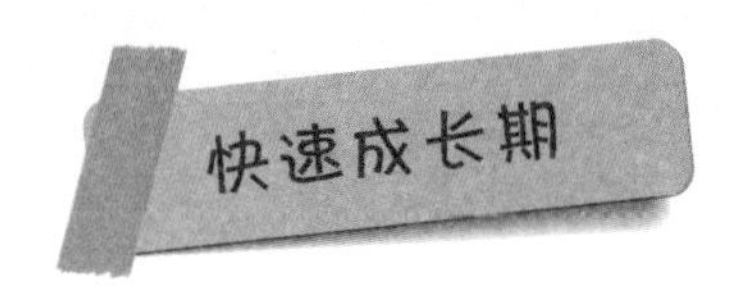
快速成长期

因为金梦尚感冒流鼻涕，在网上搜索时知道的事实：

哦哦？

因为会阴部的疼痛
现在还猫着腰……

孩子好像有快速成长期。

3周

6周

3个月

6个月

大概是这样的周期！

一向温顺的孩子突然哭闹，

哼唧……
哼唧哼唧……

这个世界上的一切我都烦。

随时哭闹着要吃奶，

拿饭来，拿饭来!!
饿，饿!!

我的饥饿无尽头!

似乎也很敏感，

为什么生下我让我如此痛苦!!!!

啊!!!!!

是我该死……

这些症状是快速成长期的征兆。

关键是与孩子不那样的时候对比，

金梦尚，原来是乖孩子……

成人的身体是在成长结束的状态下趋于老化。

我的余生呢，
只剩下老
化了……
悲伤？

孩子在短暂的时间得快速成长，
身体该多么疼痛。
而且以一张白纸的状态来到这个世上，要学的很多，其过程中，当然会有恐惧和不安！

我的身子不
像我的！！
在妈妈肚子里的时
候还是好的！！！！
这又是什么？在我
眼前晃动什么？！
吭吭
吭吭

加油宝宝！！妈妈跟你在一起成长！！

噢，我的宝宝……
很难受吗？
不安吗？

## 快速衰退期

噢，我的宝宝饿了吧？
哼唧……

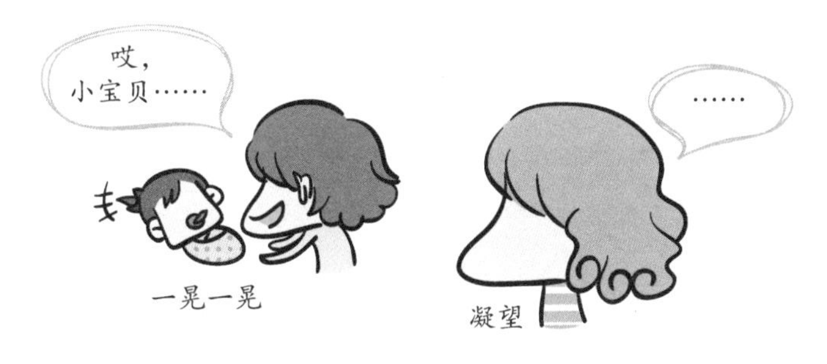
哎，小宝贝……
一晃一晃
……
凝望

乱踢
我也要喝奶。
抱抱我。
我也要人陪我玩。
吃错药了吗……

抱抱我，跟我玩儿，喂我吃饭。

# 金泰檬的话——第3周：暴风般成长

## 1. 成长中的宝宝、成长中的妈妈

梦尚开始能识别安抚奶嘴。

肚子饿的时候，放进她嘴里就“呸”地吐出来。

那个样子很有意思，妈妈和我笑了半天。

那样把安抚奶嘴吐出以后，

又张着嘴呼哧呼哧地找奶吃的样子，真是太可爱了！

我很喜欢梦尚身上的奶香味儿，宝宝的气味。

偶尔也有变了味儿的味道，我也喜欢。像变态似的，嗅嗅。

第一次挑战给宝宝剪指甲，

宝宝的指甲薄得像纸张一样。

用指甲刀咔嚓咔嚓剪了下来。这比预想的有意思！哈哈。

尿布的使用量很多，所以我和妈妈一块儿想了个办法。

因为是女孩，尿总是漏到后面，尿布也是光湿后半部。

所以剪下旧尿布完好的部分，

换上新尿布的时候，垫在后半部。

这样，拉屎或尿了以后，只抽出那半片即可。
虽然那样做显得有点穷酸，
但是，扔掉一半是干净完好的尿布，很可惜哦！贫穷的檬妈！

梦尚好像开始了咿呀学语。
与哼哼或哼哧的声音不一样，的确是咿咿呀呀地在说。
像喝醉的人似的还发出“咔”的声音，太可爱了。
我也开始能分辨宝宝的哭声。
梦尚很伤心地大哭的时候，表示肚子饿了。
从怀孕到现在，妈妈帮我做了很多事情，
所以即使是作为梦尚妈妈的我，对宝宝了解得还不够多。
有时我突然会想：“以后完全自己养的时候怎么办？”
一方面担心，但另一方面又想：车到山前必有路！

## 2. 快速成长期

在网上检索的时候我了解到了一个事实，
宝宝们有一个时期叫“快速成长期”。
就是有成长较迅速的时期，即3周、6周、3个月、6个月的时候！
这时候的宝宝，哼哼唧唧，突然更加磨人，随时找奶吃。
最近梦尚很是磨人，我也看不出哪里有不舒服，
说不定就是因为处于快速成长期的缘故吧。

## 3. 好妈妈

晚上妈妈带着梦尚睡觉，凌晨的时候，跟我换了班。
小家伙一晚上肯定又是哼哼地“烤鱿鱼”了吧。
要喂她吃奶,好想再接着睡,于是决心不被她哼哼的声音欺骗，
就转过身去，装没听到哼哼的声音睡了。
宝宝好像一直吭哧着鼻子，
凌晨，我也是在似睡非睡的状态，
听着那个声音就认为是“烤鱿鱼”的声音，于是继续睡了。
但是，早晨醒来妈妈说，
宝宝因为鼻子堵塞，一晚上都没睡好。
所以妈妈一直都在给她抽鼻涕，又担心发烧给她量体温。
听到那些话，想到夜里我听到宝宝的鼻音还一直睡，
妈妈却忍着困倦担心着宝宝，一直照看外孙女！
比起孩子的不舒服，
更先考虑自己身体的我，真的能成为好妈妈吗？
这让我很惭愧。
疼爱孩子和为孩子牺牲是两回事。
疼爱孩子只要是喜欢孩子，不管是谁都能做到，
即使是别人的孩子都能疼爱。
而妈妈不仅是单纯疼爱孩子的人,还是为孩子做出牺牲的人。
看到妈妈为我、为梦尚所做的一切，

我越来越没有自信了。哎。
凡事粗心的我，是否能真的为梦尚牺牲自己？
我能养育好这个孩子吗？
妈妈听了我的话，说：
“能有那样的苦恼本身，就说明是好妈妈。”

## 4. 跪下了

看看这个！可爱吧？
让孩子趴在肩膀上打嗝胳膊会疼，还很累，
所以让孩子暂时趴在我的大腿上，就成了跪着的姿势。
但是，宝宝这个姿势好像一点也没有不舒服，
趴得很是舒服，
所以我和妈妈又很惊奇地猛拍了照片！
看看，那肉墩墩的屁股和可爱的脚趾头。
也不是罚站，新生儿那么跪着，
可爱得妈妈和我以为要昏过去了。
哈哈哈哈哈。
也像祈祷的样子！
哎哟，可爱的宝宝！

后脑勺

超级高手姥姥，着手宝宝的后脑勺整形。

侧着睡……
后脑勺要变漂亮哟……
zzz

zzz
呼……
梦尚自己正了过来。
万岁！

哎，小家伙！
重新侧着。

又正了过来……
ZZZ
呼……
万岁！
这样来回数十遍。
这个小丫头……

生气的姥姥。
要是
你的后脑勺
扁平了不关
我的事！
哼！
ZZZ
喀啊！
喀喀喀喀！！！！
姥姥生气了！！

# 抱成习惯了

哎哟……别
抱习惯了！

大人们常说的话之一，就是“别抱成了习惯”。

总抱着的
话会成习
惯的。
让孩子哭
哭嗓子也
才会好。


哭一下就抱，习惯的话宝宝就总要抱的。

我对这句话总是不理解。

?!
那么，孩
子们哭
是动脑筋之
后想出来的
办法吗？

从妈妈肚子里来到这个世界该有多陌生，希望得到有安全感的接触不是理所当然的吗？！

你难道是……
不用大人抱自己也能安静下来，但却故意在哭？
?!

养成习惯又能怎样？我还是要继续抱。

就是喜欢妈妈的怀抱，是吧？
满足宝宝所有的要求！

# 第一次打针

梦尚的第一次预防针时间临近了。

梦尚是第一次打针哟！要做好心理准备！

啧？！


出生一个月后去打卡介苗（BCG）。

有在医院打的皮下针。

也有在保健所打的皮内针。

9个点

注射疤痕

据说，现在女孩们怕留下痕迹去医院打皮下针……
有进口的，有国产的……

## 当然选国产的……

进口的要自费。

有免费的疫苗为什么要花钱打呢?
以后花钱的地方还多着呢。
呵呵……
?!

因为是第一次打针，全家都超紧张。

梦尚的爸爸负责照相。

不管是什么场面都要拍下来！

梦尚的妈妈是保护者。

幼儿手册

不管是什么事都要写下来！

梦尚的姥姥承担高手角色。

不管怎么哭都要哄下来！

然而，梦尚只是注射针打进去时小哭了一下。

哇!!!!!

看着又马上入睡的梦尚……

哎哟，小宝贝，
打针也不哭，
长大了，嘟……
坚强的
金梦尚！
我女儿就是
不一样！

大家都很高兴。

其实这么大的婴儿打了针之后，大哭的孩子很少，呵……

哧！
第一次养
孩子，不
大懂吧？

之后，宝宝很安静，也没有发烧，很会适应。

长大了，
我的宝宝！
啧啧啧！

对着只有一个月大的孩子，怎么总说长大了……

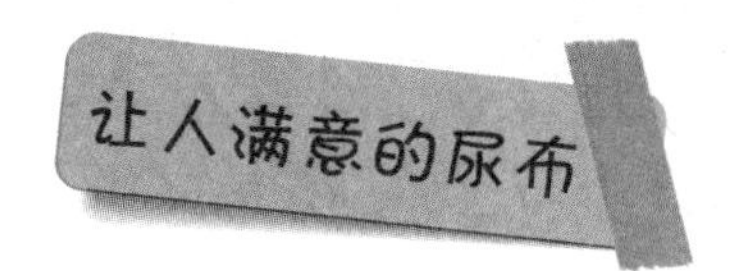
让人满意的尿布

把睡醒的梦尚抱
起来一看，背都湿了。

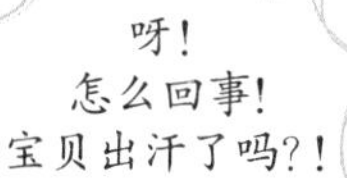
呀！
怎么回事！
宝贝出汗了吗?！

湿漉……

原来是尿漏了。

怎么回事……
怎么尿了这么
多……
为什么流到
背上了……

打开一看尿布上都是便便。

噢，宝宝……
对不起……
恶臭恶臭！
?
老天！！！

但是，有种微妙的满足感……

对宝贝很抱歉，
但满满的尿布
没浪费却让人
满意。
显得穷酸的
妈妈呀……
干干的真好！

不知道

据说，妈妈听到孩子的哭声就知道孩子想要什么。

嗯，啊……
梦尚，
怎么了？
困吗？
晃一晃。

拉屎了吧……
臭臭
啊……

啊……
梦尚，怎么了？
要换尿布吗？
晃一晃

是饿的呀……
咕噜
啊……

我不是孩子的妈妈吗……

你这妈妈还猜
不准。呵……
下次猜准一点儿。
对不起……

## 金李檬的话——第4周：生活好“艰难”！

### 1. 突发事件，奶少了！

攒下来冻上的奶都吃完了，但奶不像以前那么多了！

不久前，睡个午觉起来，乳房就像要爆炸的样子涨起来，

最近，感觉明显减少了。

因为奶太多，想让它减少一点儿，所以我没好好喝汤。

可能是这样，成了祸根。

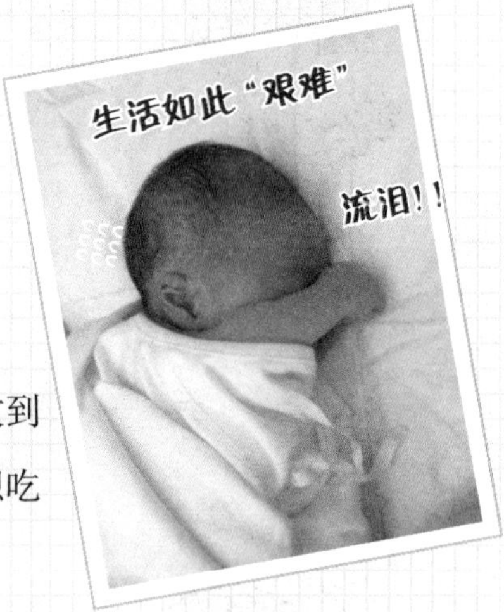

后来我才猛喝汤、猛喝水，

想方设法补救。呜呜。

最近，宝宝看起来也很累，

哭闹增多了。

以前，宝宝哭的时候把手指放到

她嘴边，她就张着小嘴做出想吃

奶的动作。

我也以此来判断宝宝是否肚子饿。

但最近，宝宝光是哭，把奶直接放到嘴里才吃，

难道是说再也不想被手指骗了吗？

生活如此“艰难”

流泪！！

## 2. 第一次打预防针

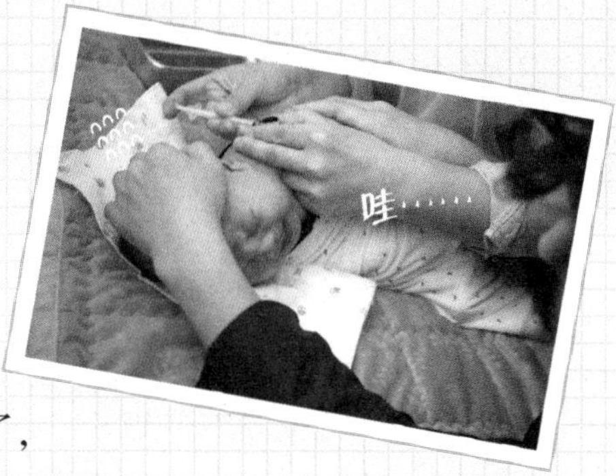

第一次打预防针的那天，

因为梦尚平常不大爱哭，

更不轻易流泪，

所以，大家还以为

终于要看到梦尚的眼泪了，

我们因为这一奇怪的期盼而兴奋。

但只在注射针打进和拔出的时候，

听到一点宝宝“嗯啊……嗯啊……”的哭声，

紧接着就看到了入睡的女儿，大家都感觉很惊奇。

小家伙，坚……坚强啊！

周围到处都是哇哇大哭的宝宝，

你是不疼呢，还是能忍呢？

一直等到快到晚上，梦尚也没有什么特别的异常反应。

睡得很沉，好像也没有发烧。

据说也有睡觉的时候惊风的孩子，

所以我们一直在观察。

但只要没有发烧，就没有危险。

就这样，晚上也睡个好觉吧！

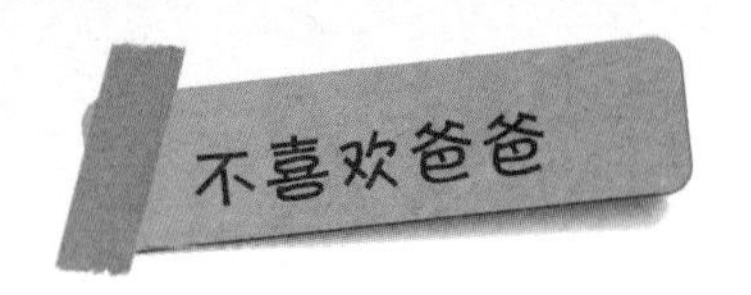
不喜欢爸爸

陪孩子玩耍的慈祥的爸爸。

啧啧啧
一晃一晃

不知是不是困了，梦尚开始哼唧。

哼唧……

啊！哭了！

困了吗？

把平常不爱哭的梦尚弄哭的山上先生。

想看到女儿的眼泪……

一闪

竖纹是因为……

如果梦尚哼唧，

哼唧
啊……!!!

他叫的声音更大！

像被爸爸的哭声吓到了似的梦尚看着爸爸。

一惊
吓到了……
吓到了……
呵……

觉得那样很好玩的调皮鬼金山上先生。

嗯……嗯嗯……
嗯……嗯嗯……!!!
VS

这样反复了两三次，

梦尚真的爆发了。

嗯啊……!!!!!!
吓一跳!

梦尚那样开始哭起来后，怎么也哄不停。

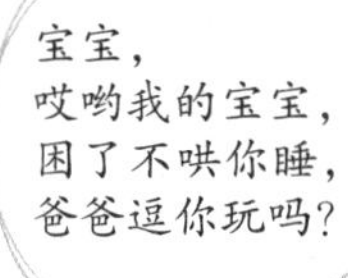
宝宝，
哎哟我的宝宝，
困了不哄你睡，
爸爸逗你玩吗？

满头大汗
哎哟哟……
嗯啊……!!!!
哇……!!!

哭了一个小时后，勉强睡着的宝宝。

啊……
好不容易睡着了。
呼……
呜咽……

从此变得小心谨慎的爸爸。

梦尚不喜欢我，怎么办？

哎哟……

镊子

宝宝鼻屎很多，所以我买了一个幼儿用镊子。

太好了！终于买来了！
一直没能夹出鼻屎，不知道有多急人！！

从那以后，整天观察梦尚鼻孔的檬妈。

来吧！不管是什么样的鼻屎统统都能夹出来！！！
翻动的眼睛……

但是，自从买了镊子之后，那么多的鼻屎就再也看不到了。

想抠出来！想快点抠出什么东西来！！！
呜呜……

又不能给造出鼻屎来……

## 檬妈的体重检查

分娩后一个月，
净增的 20 千克体重减掉了 10 千克。

噢！真的在减啊！照此下去没有问题！
唰唰地掉肉耶！噢，好高兴！

但是，掉了 10 千克以后体重就原地踏步。

啊……不可以啊！！！
还得再减几千克才行！！
得跟谁说呀……

连一向宽容的妈妈也来了一句：

你知道你真的胖了很多吧？
看着屁股和大腿。
现在该减减肥了。
饭少吃一点，会长胖的。
呼……知道了……

早晨

饭，
要和奶油、酱牛肉拌着吃吗？真好吃！

饭只盛一点，别让我拌着奶油吃……

晚上

今天晚上，就吃比萨吧！
好吃啊……
吃吧……

让我吃那些
还说我长胖了……

檬妈真的能恢复正常体重吗？！

产后肥胖产后肥胖产后肥胖……
肉肉……
肉肉肉……
不是不是不是！！！
要过了百日才知道……
嘎！！！

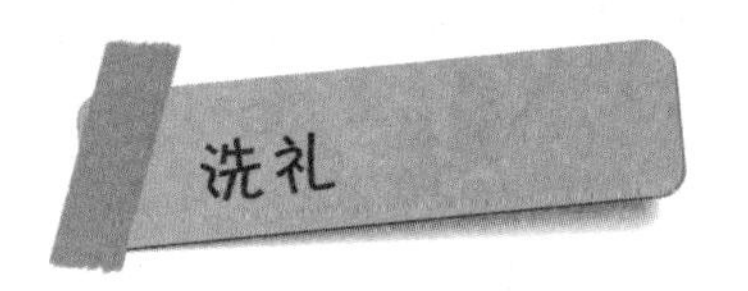

# 洗礼

梦尚家信教，所以梦尚要接受洗礼。

正好是
感恩节，
一起去首尔接
受洗礼吧。
好吧。
没有妈妈怎
么我照看梦
尚呀？
哭了怎么办？
不睡怎
么办？
坐立不安……
哎！孩子的
妈妈是你啊。
不是我。

新手妈妈，满怀着无用的担忧，

从娘家回到离开了两个月的首尔的家。

## 看着乱糟糟的家……

梦尚，这里
才是我们家。
啊，是吗……
别啰唆！
晃……悠……

第二天，星期天早晨，
穿上最漂亮的衣服，参加礼拜。

用柔软的粉色毛大衣突出可爱！
连衣裙，以强调纯真的白色，避免单调！
同样粉色色调的短裤把可爱极大化！
裤子也用粉色利落地搭配！

## 重点：我是女孩儿！

还好梦尚没有闹，配合得很好。

天哪，
这就是梦尚呀！
哎哟，
太可爱了！
是来看我的吗？
我摆个姿势。

洗礼也顺利结束。

以圣文、圣子和
圣灵的名义……
?!
在对我做
什么?

受完洗礼之后梦尚开始咿咿呀呀说些什么。

啊啊……
呜……
嗯……
哦?
?!?!?!?
宝宝在说什么?!

我们笑言，宝宝受完洗礼之后会说方言了。

上帝恩赐的宝石——我们的梦尚，
好好成为上帝的女儿吧……

一闪一闪
又开始的美
化用眼睛?

# 漂亮的宝宝

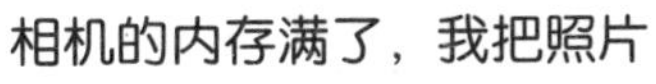

相机的内存满了，我把照片和视频存到了电脑。

哇！是梦尚刚出生时的照片。呵呵呵……
真是记忆犹新哪！


才过了50天，小脸都变样了。

真新奇，都说宝宝的脸每一天都不一样……
就是啊。
哎哟，可爱！


刚出生时，

宝宝真的很可爱，小脸白白的，嘴唇红红的。
因为是我的孩子所以才可爱呢，还是宝宝本来就可爱呢？
不是，宝宝本来就可爱。漂亮的小脸……

## 这张小脸为什么以前看起来那么漂亮呢……

小眼睛，
没有头发。
现在看来是……
这就是梦尚的真面孔。

金梦尚现在的小脸很可爱……

耀眼　耀眼

那张小脸现在别人眼里也漂亮吗？
那时也漂亮。

对我眼睛缺乏信心吗……
说不清了。

在那以后，有过短时间的外出……

呀，小宝宝……

看到的每个人，如此感叹，

真神奇……
这么小……
哎哟，看来
很乖哟！
紧闭着眼
睛呢！

但不说漂亮……

甚至……
儿子吗？
长得真帅。
粉色光线
粉色光线
粉色光线
粉色光线
粉色光线
粉色光线
粉色光线
全身上下都
是粉色，
看不见吗？

结论：因为梦尚是我的孩子我才觉得她漂亮。

没关系，
在妈妈的眼里，
你最漂亮，多么
庆幸啊！
知道了，眼睛
不要再一眨一
眨的了……
啧啧啧

## 金柰檬的话——2个月：妈妈、宝宝的适应期

### 1. 令人讨厌的感冒结束了

持续了一个多月的流鼻涕的感冒，好像逐渐好转了。
啊，真是够长的。新生儿的流鼻涕感冒怎么能持续一个月呢？
宝宝晚上也睡不好觉，
我也因为要给宝宝吸鼻涕无法安睡，呜呜！
宝宝的劲儿也增大了不少，抱着她时，总是乱动。
宝宝用头顶我的下巴时，我以为前牙都要被磕掉了！
睡觉的时候，宝宝偶尔突然发出“嗯啊”的哭声，
是做了噩梦吗？宝宝也做梦吗？
每当那个时候，我总觉得宝宝很可怜，
于是我就告诉宝宝：“妈妈在这里。”
然后轻轻地拍着宝宝入睡。
对这么小的孩子来说，噩梦是什么样的呢？
现在宝宝还不能进行思考，会有所谓“恐惧”的概念吗？
是肚子饿的时候妈妈不给吃奶的梦吗？（呵！）
我很好奇！宝宝们要是会说话就好了。
我真的很想知道宝宝们在想什么。

## 2. 脱离新生儿阶段

梦尚可能逐渐看到了一些东西。

虽然还不能对准焦点，但比起过去的眼神茫然，

最近开始慢慢地转动着眼珠，好像在到处看。

也试着转动过头，虽然慢一拍，

但眼珠确实在跟着转动。

而且随着眼睛看到东西，梦尚也开始轻轻地笑了。

原来在临睡之前或睡觉的时候,梦尚也有笑的时候，

但最近，在醒着的时候，逗她玩的话，

她就这样一笑一笑的！

这是笑呢，还是也是撒娇呢？

不管怎么说，妈妈看到这个笑容高兴得不知所措。

梦尚也开始流口水。

该买小围嘴了吗？

想给她买粉色的小围嘴。呵呵。

原来到脚尖的小衣服，

眨眼间，已经短到小腿。

光看孩子的时候，还觉不出孩子在长大，

看到衣服小，确实感到孩子长大了。

于是我以愉快的心情，开始打开收到的衣服礼物。

尿布似乎也变小了，

在屁股和大腿之间，开始留有尿布的勒痕。
躺着的时候，抓住她两只小手的话，她会使劲抓住。
抓着的手，感觉到那个小劲，实在是可爱极了。
梦尚也开始喜欢“坐着”。当然不是自己坐着，
是在沙发上用抱枕做成可以依靠的座位，
让她靠坐在那里，
与其说是坐着，不如说是半躺着。
因为宝宝总想起身，我们才想出了这个办法。
还不到一个月的小家伙，为什么那么想起来……但还是可爱哦。
昨天，在抚摸梦尚头的时候
发现了乳痂一样的的东西。
奶奶开玩笑说：那是宝宝头上落的鸟屎，
洗头发时，好好洗的话，就没事了。
鸟屎！很确切的表达，逗得我笑了半天。
昨天，我把梦尚放在我的膝盖上玩耍，
和我对视的时候，她看着我笑逐颜开的，
那一瞬间，我涌来无尽的喜悦！心真的好像要炸开一样！
看到过几次宝宝笑了，但这次却不一样。
应该说是震动我心灵的笑容吗？
就像被电触到一样，我的心抽动了一下。
宝宝，我爱你！

## 3. 超快的恢复（？）

分娩一个月后，又开始了月经。
这完全是……嗬！
据说给孩子喂奶的时候一般是没有月经的，
我算怎么回事？
刚开始以为是恶露，
但早已经结束的恶露，怎么会这么鲜红呢？
我想这也太荒唐了。啊哈哈哈！（精神崩溃）
但还是得感谢！因为，这表明我的身体正在恢复！

## 4. 婴儿洗礼

我们决定感恩节的时候给梦尚进行洗礼。
星期六，和老公一起带着宝宝去首尔。
在首尔期间，要给老公做饭，还得照看梦尚，
我能行吗，能做好吗？
星期天去教会，老公还得忙着帮忙，所以没有时间照顾我，
我自己怎么喂奶呢？
孩子怎么哄呢？我自己能行吗？
各种大小的担忧逐渐增多起来。
想到坐完月子后回到首尔的生活都让我很不安。

因为育儿和家务事，我的工作是不是就无法做下去了？

照顾孩子就已经很忙了，还得照顾老公吗？

越想越担心，我开始深感不安。

但又不能让妈妈一直帮我养孩子，

我的孩子是我一辈子要照顾的。

我现在过于担心还没有到来的事情，而且被那种担心吞噬。

这种心态是不可取的！

我应该高兴和感恩。

不管是什么时候，根据状况好好应对就可以！

加油，檬妈！（泪汪汪）

终于，到了受洗礼的那一天！

好久没见的首尔教会的教友们都热情地和我们打招呼。

见到很久没见的朋友们我也很高兴。

梦尚在陌生的人群中，也很意外地精神和适应。

一点也不闹，乖宝宝。

洗礼也很顺利。出去受洗礼之前，梦尚有点儿要睡的样子，

“受完洗礼再睡啊。”

说完之后，梦尚真的一直精神地睁着眼睛。

真听话。怎能叫人不喜欢呢？（噗哈）

但是，接受完洗礼之后，梦尚开始了具体的咿呀学语！
不是哼哼，而是动着嘴说着什么！
“啊呜，喔，呃伊！”可爱至极。
老公和我笑着说：受完洗礼后，宝宝开始说方言了。
和公公打电话时我对他说：“宝宝开始说话了！”
公公大笑着说我在说谎。
啊，但是真的不是说谎。我的宝宝说话了！
我理解父母们成为吹牛大王的心情。哈哈哈哈！

闪烁
好好成长吧！

外出

爸爸、妈妈看我整天待在家里，觉得我很可怜。

闷吧？
出去透透
气吧？

哦！

爸色陪我外出。

我们去神井
湖散步吧！

噢耶！

正好可以用
昨天送到的
婴儿斗篷！
我也想早一
天用用！

好久没呼吸到新鲜清爽的空气！

哇啊……
哎哟，这么高兴？

在湖附近的餐厅还吃了炸猪排！

餐厅的炸
猪排！

转换心情的幸福外出！♡

呵呵。
再接再厉好
好养孩子！

亲亲

哇……哇……哇……
可能是饿了，喂奶吧。
噢，稍等！
哇……哇……哇……
凝视……
哇？！
嘶……

啧啧啧

以为是奶，吸个不停。

看这里，
梦尚亲我了！
呵呵……
什么啊那是？
我都看见了！

啧……
饿啦？
大口大口

……
咂咂咂

嘶……

偷偷地学着山上做的檬妈。

也给我亲亲了！
呵呵……
你不要学我！

以骗人的手法得到“亲吻”以后兴高采烈的傻夫妇。

生日

11月，成为妈妈以后，和梦尚一起迎来第一个生日!!

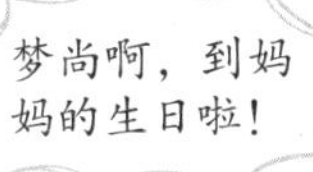
梦尚啊，到妈妈的生日啦!

快点儿祝贺我!

什么是生日?

和以前生日的感觉不同……

鼻子酸……
妈妈为了生我也很辛苦吧……
哎哟，现在才知道，也很庆幸，嗒……

生孩子确实不是件简单的事，呵呵呵。

蛋糕，蛋糕!!我要巧克力蛋糕!!!
你们俩去买吧!

也买蛋糕，

炸鸡！炸鸡！
还要买炸鸡！

好，都买
吧！买！

还买了炸鸡，

和恰巧回家的弟弟一起，

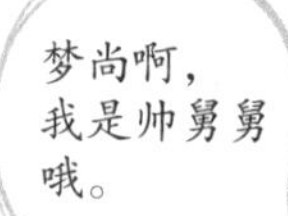
梦尚啊，
我是帅舅舅
哦。

愉快的生日派对！

得照相，
照相！！

啊，我从今天早晨
开始还没洗脸！
衣服也像大婶！
邋遢样

围上梦尚的
毯子吧！
围起来
那也是大婶！

因为有了梦尚更特别的生日……

梦尚啊，
是蜡烛啊，
蜡烛。

幸福、温馨的 27 周岁生日 ♡

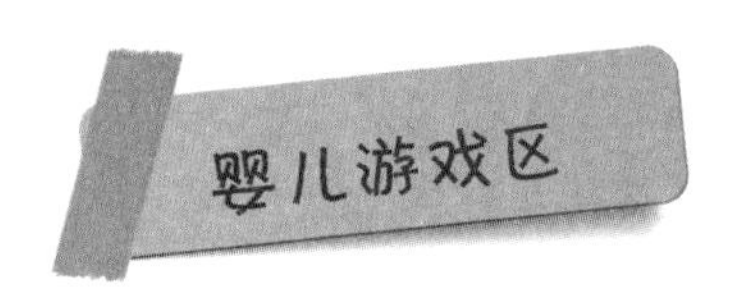
婴儿游戏区

我要坐！
我要坐！
我要坐！
我要坐！
踢腾

一天得十多次靠着垫子坐起来的小家伙……

就那么想坐起来吗？
靠垫支撑台
别那样，买一个学步车吧！

在搜索二手学步车的时候，

发现了叫 Saucer 也就是叫婴儿游
戏区的东西！

啊！
相比到处移动
的学步车这个
更好啊！
现在的玩具
真是不错！
粉色太漂亮！

所以，放弃学步车买了婴儿游戏区！

嗄，
太漂亮了！！
摇晃一会儿，
接着碰这碰那。

## 爸爸的挫折

小家伙！
嘎啊！！
啊哈哈……
哎哟，
小可爱！

在孩子中间超有人气的山上先生。

不爱笑的宝宝们看到山上也喜欢笑。

笑颜

哎呀，
这孩子怪
了！平常不
爱笑的！

你看！孩子们喜欢我！
啊哼

为什么呢？因为长相逗人吗？
在孩子们当中超没有什么人气

但是女儿却不喜欢爸爸。

哇!!!!!!
哦？

在别的孩子当中有超级人气又有何用？我的女儿不喜欢我……

啧啧

爸爸陷入失意中。

# 金柰檬的话——3个月：怎么看都无法理解的宝宝

## 1. 竟然拒绝妈妈的奶！

今天，打了预防针。

之前打针总是在梦尚睡觉的时候打的，

今天是在梦尚醒着、高兴玩耍中打的。

因此，可能是针的感觉真实，

或是比以前更痛，所以梦尚哇哇地哭。

嗓音怎么会那么洪亮，小家伙使出浑身的力气大哭！

医生说：出生的时候小，但成长得很好。我颇有成就感！

给宝宝解开了手套。

这几天，宝宝很喜欢趴在大人的胳膊上睡觉。

那睡着的样子，颇像考拉，可爱极了。

最近，宝宝睡觉好像有了一定的规律。

以前，一边睡觉还一边哼哼，所以比较吵。

但最近好像睡得很沉，而且能连续睡 4 个小时。

晚上 10 点以前睡着，12 点吃一次奶，

凌晨 4 点醒来再吃一次奶，

6点左右醒来，玩一会儿拉完便便再睡。
确实和白天不一样，现在好像能够意识到黑夜和白天。
但是，经常发生拒绝妈妈奶的事件。
有时，吃着吃着吐出来，张望一会儿，
或吐出来以后就开始哭。哦！
分明是到了吃奶的时间，而且好像也想吃，
但哼唧的时候，就不好好吃奶。
强迫她吃，最后还是吐出来，
然后她自己发着火，哭起来。
最近宝宝力气也很大，弓着身体使劲的时候，大人都招架不了。

Tip

当时还不知道，原来吃得很好的孩子为什么拒绝吃奶。后来仔细想想才知道。大概是肚子饿了想吃奶，但是奶却不多。喂奶的时候，妈妈确实应该注意饮食。因为吃腻了饭和汤，所以有时候我就吃些面包和零食。每当那个时候，奶的量就减少。妈妈对这种变化不是很敏感，但吃奶的孩子却很清楚。所以，至少在哺乳期间，应该好好吃饭、喝汤。

## 2. 是生长痛吗？

最近，金梦尚不明缘由的哭闹让妈妈很辛苦！

而且是放声痛哭。

真的是在没有任何预兆的情况下，突然哭起来！

那样突然大哭，妈妈会很惊慌的，宝宝！（泪汪汪）

后来我了解到那可能是因为生长痛的缘故。

小不点的宝宝来到世上，突然要长大，

全身怎么会不难受……

真的是因为生长痛，身体不舒服吗？

那不是妈妈能左右的呀！

为了让宝宝不哭，我想尽办法，

因为宝宝哭个不停而对宝宝发火的话，宝宝也会很伤心吧。

宝宝会想：我是因为痛在哭，妈妈为什么对我发火啊？

哎，加油，宝宝！再接再厉！和妈妈一起茁壮成长！

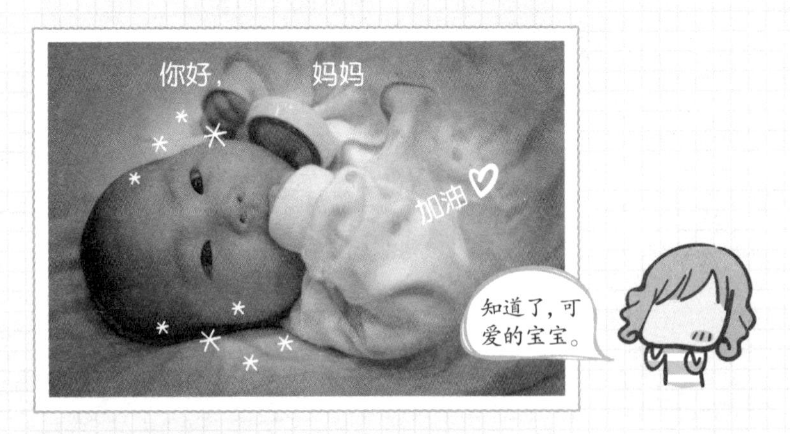
你好，妈妈
加油
知道了，可爱的宝宝。

## 3. 管理好疲惫的心

老公隔好久才能回家一次，和我一起照看孩子。
但今天回来以后，老公和孩子玩了一会儿，
就躺在沙发上开始玩手机。
瞬间，我的气就冒了上来，觉得老公不像孩子的爸爸，
像个“只是因为喜欢孩子，所以来看孩子的人”。
老公自己在那里玩儿的样子，让我伤心和难过。
其实，家里谁都不在时，我一个人也可以和孩子玩得很好，
但是不知道为什么，那种情形让人很郁闷。
是因为老公在家，有所期待而导致的吗？
带孩子期间，偶尔也会有让人身心疲惫的时候，
每当这时，我就会对老公说出很难听的话，引发吵架。
吵架后，老公说他没想到那些，
只是在自己一个人待着。
我突然发火并说出刺激他的话，
他自己不知道前因后果，第一个反应自然也是很生气。
听了老公的话，我也觉得可以理解。
我希望老公能主动帮我做点什么，
但却收不到希望的效果，所以发火。
但受攻击的老公，确实是在没有防备的状态下，也很窝火。
哎，管理内心是件很难的事情。

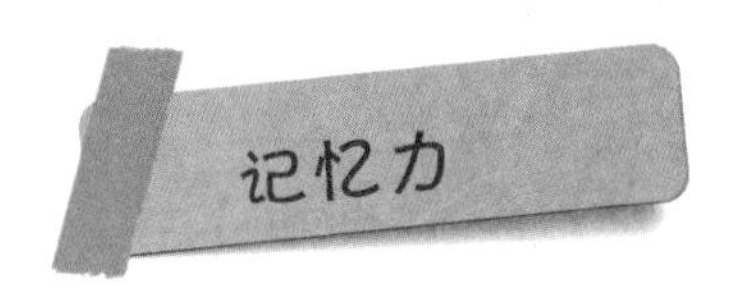
记忆力

也算是外出，向超市出发。

嘿哟嘿哟

正在进行抽奖活动，进行挑战！

有奖哦
噢！
试试！
去试试！

我的、妈妈的、老公的，都写一份。哈哈……

……

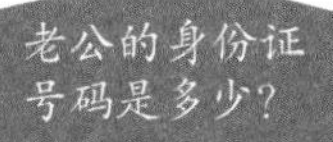
老公的身份证
号码是多少？

妈妈的身份证号
码是多少……

娘家的电话号
码是多少？

首尔自己家的电话
号码是多少？

以前在睡梦中都
能背出的那些号
码现在怎么都想
不起来了？

受到打击！

啊哼！！！
我成了傻瓜了！！
就是啊……
?!
……

结果由妈妈填写。

头发

梦尚都快 100 天了。
……

天哪，给剃了光头吗？
邻居
真实的梦尚
没有啊？

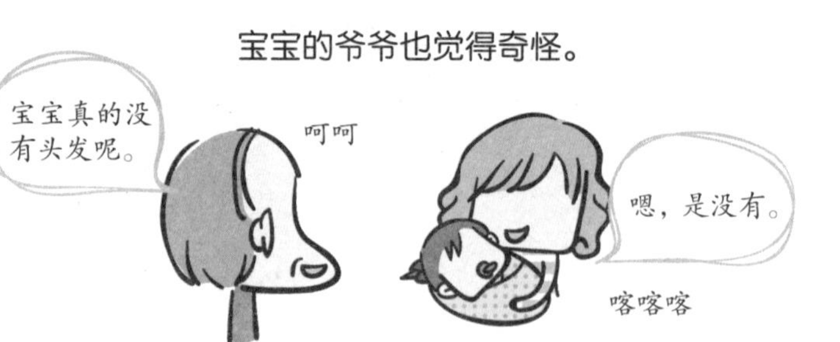
宝宝的爷爷也觉得奇怪。
宝宝真的没有头发呢。
呵呵
嗯，是没有。
嗲嗲嗲

我们网球俱乐部会
员中有一位……
?

抹了生发剂长
出了头发。
? ? ?
给梦尚也试
一次……
?!

爷爷说得还很认真。

卫生间

开着卫生间的门如厕，我以为是只有奶奶们才会做的事……

……

没想到我也会这样……

丢人

哗啦
哗啦

嗯……
哼……
梦尚醒
了……
醒了!!
霍地……

宝宝!!
妈妈在这儿!!
噌……!

因为宝宝，大便都没拉完就站起来的情况就有好几次。

这就是育儿
妈妈的现实生活。

合唱

母女两个躺在一起。

可爱的
小家伙……

昂……

昂。

啊噢。
啊噢。

哦。
哦。

和妈妈一起合唱。

呵呵呵
真幸福啊，
幸福。
很美的一
个场面。
#%$&!!
#%$&!!
录视频

真幸福！♡

## 小甲虫套装

最近好多地方都会提供出生 50 天免费拍照。

提供50天免费拍照服务哟……
医院合作企业
啊，好……

但这里不是首尔啊。

为了免费照特意去首尔不划算。
这里是娘家牙山。

因同样的原因我决定也不照百日照片。

就是那个时候，我收到了美国朋友海南的礼物。

哇，
小甲虫套装!!!

摇摇摆摆

可爱至极！！！

决定给梦尚穿上那衣服，在家照百日照片！！

自己照相与外边照的那些没什么不一样。

咔嚓咔嚓
还下着雪呢！

我们自己照也十分开心。

姥姥，
可爱吧？
怎么样？！
咔嚓咔嚓

是虫子啊，
虫子。

也不是小虫子，而是虫子。

可爱的小虫
庆祝
金梦尚百日

## 金柰檬的话——4个月：正式的妈妈生活！

### 1. 宝宝现在懂得很多

现在，宝宝好像能正确地认出妈妈和姥姥。
喂奶之前，我经常对宝宝说："妈妈的奶在这里。"
宝宝好像听懂了似的，眼睛亮晶晶的，
像小燕子一样嘴一张一张的，可爱极了！
还有睡觉的时候，宝宝睁着小眼睛看看四周，
如果有人在旁边，马上轻轻拍拍她的话，
她就安然地重新入睡，
谁都不在就哇哇哭。
小家伙现在就知道找人，很是新奇。
而且她也知道：如果醒来没有人，"哇哇"哭的话，
妈妈或姥姥就会跑过来。
以前宝宝只是哭，最近好像知道"喊人"了。
背她的时候，如果光站着她会发出"哇"的声音，
用手不托她的小屁股也会"哇"一声。
这些都那么可爱，我真是看梦尚哪里都可爱。
买了一个婴儿游戏区（saucer），看宝宝坐在里面，
可爱得我眼泪都要流出来啦！

## 2. 坐月子结束，向首尔出发

月子结束后我决定回首尔。但不知怎么回事，心里很烦乱。
妈妈和爸爸也不亚于我，好像也很是依依不舍。
可能是因为热闹的家要变得空荡荡的缘故吧。
回首尔的前一天晚上，和老公躺在床上，我哭了半天才收住了心。
然后回到首尔！在没有妈妈的情况下，和老公要照顾孩子，
一点都没有头绪，连吃饭都很困难。

静静地看着吃奶的梦尚，不知怎么心里就不是滋味。
如果给她吃奶瓶里的奶，可能我不会感受到这种奇妙的感情。
为什么让妈妈提供乳汁哺育孩子呢?
我想：就是因为这样，母爱才会更强烈。
以前宝宝哭闹，我会想："我妈妈会去照顾的……"
不知不觉中，我有了种可以不用理会宝宝哭闹的心理，
到了要我自己独自照看孩子的时候，责任就变重了。
而且宝宝也越来越漂亮，也更加可爱。
自从有了梦尚以后，好像夫妻之间的关系也更亲密了。
老公也和以前不同，
我能感受到在他在关爱我，所以我也更加努力。
原来是这样……
互相关爱的话，就得到更多的关爱。很惊人的道理!

## 3. 感冒和斑疹

昨天晚上睡觉的时候，梦尚发生了“喷水吐”。
像喷水一样，从嘴里喷出呕吐物。
第一次看到的时候，我真的吓了一跳。
最近，梦尚得了遗传性皮肤过敏症，为了不让她挠脸，
我用枕头压着她胳膊睡觉，所以那时如果我不是马上醒来的话，
说不定污物会通过鼻子和嘴重新被宝宝吸进去。
内衣和褥子湿漉漉的，只好深更半夜给梦尚换衣服……
但更大的问题发生在早晨：梦尚开始不停地咳嗽，
吓得我们想去医院，但天气很冷，
所以我们决定先观察状态。
煮了大麦茶，打开了加湿器，好像梦尚的状态有所好转，
但咳嗽还是不见好。
结果第二天还是去了医院，诊断结果是气管炎！
给宝宝吃了药，但吐出来一半儿。
因为担心宝宝不吃药，所以可能一下子给她挤了太多药。
晚上，梦尚反复着睡去和醒来，
檬妈完全累垮了。
而且，去医院之前还不知道，宝宝还得了尿布疹！
可能这一阵因为感冒药一直拉肚子的缘故吧。
这个冬天很不好过啊，宝宝。

## 蒙眼游戏

梦尚啊……

啊

喵……

玩别的

哎……

梦尚啊，
看看妈妈。
哗

啊

喵……

又玩别的……

哎……

陪妈妈玩玩嘛……

# 伤口

原以为是胎热的梦尚的过敏症状
这段时间变得更严重，小脸没有干净的时候。

斑斑驳驳
多结痂

脸和头痒得经常又挠又搓。

挠挠
蹭蹭

给梦尚的小手戴上手套，但新伤口还是出现。

啊！
又是血痂！

本应该是很细很嫩的宝宝脸，

老大，
吃饭了吗？
宝宝大佬

却没有一天是不带伤口的……

看到的人都心疼。

哎哟！小宝宝有伤口啊！怎么了?!
挠的…
超市职员

伤心死了……哼……

不要挠……
痒痒……

妈妈的妄想

去逛大超市。

哼哼，
愉快的大超市游戏。

未成年内衣柜台

总有一天也会给我的宝宝买这些……
要买漂亮的粉色。
嘣嘣

进入幻想……

梦尚！
给你买这个
吧！怎么样？
怎么样？
哈，
粉色圆形
图案太漂亮
了，是吧？
咋呼

不需要，
妈妈穿吧。
哗
轰隆隆

啊……
青春期少女会
因为妈妈的咋咋
呼呼而感到难为
情……嗯……
呵，竟然有这
种不细心的妈
妈……
换个场景
想象一下

梦尚，看这件可爱的T恤！
怎么样，怎么样？和妈妈一起穿亲子装吧？！

啊？别闹了，随便穿吧。
山上先生也附和
像爸爸似的潇洒吗？
妄想中，受挫。

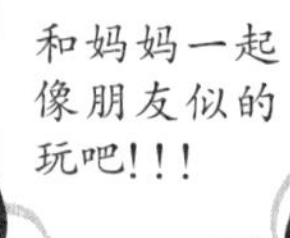
不可以！！！性格可千万不能像你爸爸一样！
大哭！！
和妈妈一起像朋友似的玩吧！！！

说什么呢……

# 急诊室

梦尚半夜开始大哭。

啊……啊！！！！！

这么哭还是第一次，所以新手妈妈和爸爸精神完全崩溃。

孩子大哭了一个多小时，
最后我们开始担心是不是哪儿不舒服。

怎么哭得这么厉害？
连抱都抱不好了。
是不是哪儿不舒服？

最后，去了急诊室。

哇……！！！
如果是真的是因为生病哭的怎么办？

晚上 12 点，急诊室仍然人满为患。

噢
吵吵嚷嚷
这么晚了，生病的孩子还这么多……

而我们的宝宝到了医院以后，却非常精神。

这里是哪儿？我是谁？
不是病了吗？
要不回家？

本来想再回家，可实习医生总是挽留，说既然来了，还是检查一下。

结果，等了两个小时照了 CT。

肚子里有点儿气啊。
给您开点儿药吧。
啊，是吗……

也许还不到看急诊的程度……

就当成是
经验吧。

好歹平安回家。

但回到家里，梦尚又开始猛哭。

哇……!!!!
啊，要疯了。
怎么了，宝宝……

那天晚上，三个人都没能睡。

清晨的时候已疲惫不堪。

## 金泰檬的话——5个月：不要病啊，宝宝！

### 1. 气管炎，气管炎，气管炎！

上个月开始的气管炎，

整个冬天一直困扰着梦尚。

早晨，小家伙有点咳嗽，

我又被吓得毫不迟疑地跑去了医院。

还好，医生说不像气管炎，只是一般感冒。

梦尚咳嗽厉害的时候，好几次吐出唾沫一样的东西，

也不好好吃奶，光磨人。睡觉前后磨人，也越来越厉害……

状态没有好转的迹象，于是又去了医院，

让医生训了我们一通：

药没有效果的话，应该马上来医院，怎么还继续喂呢？

是啊。原来是药没有效果的缘故。

这一天，还接受了吸蒸汽似的雾化治疗。

感觉婴儿的感冒病菌会比大人的病菌小很多且弱（？），

事实上可能不是吧。

真希望冬天快点过去。

## 2. 现在应该承认，宝宝是遗传性皮肤过敏症

刚开始，觉得那些皮肤症状可能是胎热。
听大人们说，过了百天就会好。
我也不想承认，但现在已经不是胎热可以解释的了。
这已经不是持久性皮肤炎或新生儿痘痘等别的病可以解释的症状，而的确是“遗传性皮肤过敏症”。
宝宝脸上反复长出很多小米粒大的红痘痘，
长了之后又消下去，左边的嘴角还开始有水痘。
随着梦尚脸的状态，我也时而高兴时而郁闷，
像忧郁症患者一样。
但是，真的郁闷和辛苦的应该是宝宝，
所幸小家伙除了晚上睡觉时间以外，玩得还算不错。
拿着用布做的图书玩儿，也喜欢握着铃铛玩儿。
力气也蛮大的，有几次被她揪到头发，疼得我嗷嗷叫。

## 3. 半夜三更去急诊室

一个多小时的时间，梦尚一直踢腾着、号叫着大哭。
不知道该怎么做，最后我也跟宝宝一起哭了起来，
最终，半夜三更，我和老公一起穿上衣服去了医院的急诊室。

但是，坐上车以后梦尚就睡着了。嚯，什么嘛！
急诊室人群熙熙攘攘。
凌晨生病的孩子还这么多啊，我大吃一惊。
梦尚睡着，躺在急诊室的床上，过一会儿就醒了。
老公和我等累了，想要回去，
医生说，马上到我们了，还是检查一下吧，于是又等了一会儿。
好像没有什么异常。
我们说：最近孩子一直拉肚子。
医生担心肚子有问题，于是提议照一张肚子的片子看一下。
于是为了确认照了一张。
医生看了片子说，孩子肚子里充满了气。
据说肚子里有气的话，就会有婴儿产痛，
梦尚是因为这个原因哭的吗？
总之，这有可能会发展成肠炎，所以医生给开了一些药。
但是，在医院很老实的宝宝一回到家，又开始号哭。
好不容易才哄睡，早晨醒来又哭……
我完全要累倒了。

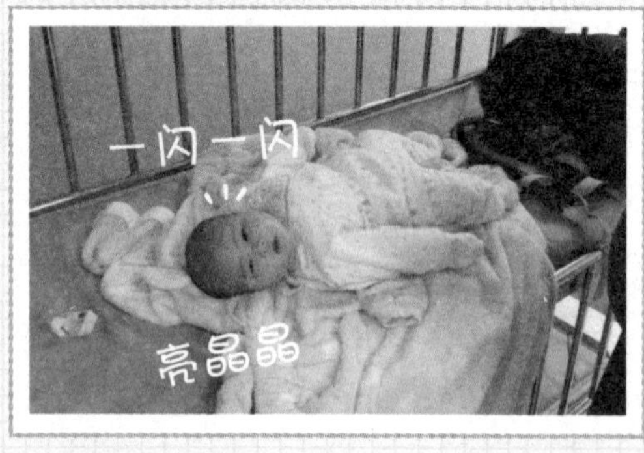
一闪一闪
亮晶晶

## 4. 孩子也是一个独立的人

去超市，见到了一个妈妈和孩子。

妈妈在饮料杯里插上吸管给了孩子。

不知是不是因为饮料太满，要溢出来，

一下子，妈妈重又夺过去喝了一口。

但在那一瞬间，孩子看到喝饮料的妈妈，

哇地哭起来，跺着脚，闹着要拿回饮料。

虽然妈妈马上还给了孩子，

但我看到那一幕，突然有了一种想法：

大人们无意识当中，有时会无视孩子们。

孩子也是一个独立的人，那样不说一句话一下子抢过去的话，

虽然是几秒钟，从孩子的立场上看也是很不愉快的。

我在想我也很有可能那样吧。

通常大人们在不做任何说明的情况下，按照大人的想法，

直接带着孩子外出的时候很多。

我再一次感觉到：给孩子说明一下，尊重孩子意见是很重要的。

但是，在那种情况下，给孩子说明完以后，要回去饮料的话，

饮料会撒出来吧！（噗哈）

牛肉

去买要加到辅食中的牛肉。

我现在也是做辅食的妈妈！

乐呵呵地走进肉店。

给我切一点做辅食用的牛肉。
明朗明朗

宝宝的辅食？那得是最好的牛肉噢！

噢？
噢……

有点不安。

啊……
100块！
只有乒乓球一般大！

没有拳头大的这块肉花100块买真的合理吗？

生活费余额还剩多少？

不买这个，买个便宜的不行吗？

我也没买过这么贵的肉吃！

穷酸的新手妈妈常见的崩溃。

你不会认为像买牛奶、鸡蛋一样30块就能买下来吧？

那么，你来买牛肉时，预算了多少钱呢？
理直气壮地说要给孩子做辅食，因为贵不买又多丢人呢？
这才是社区里的店，要是大超市的进口牛肉会不会更贵呢？
心中的妈妈妖精
呃……
的确是那样……

最后还是买了。

给……给我吧……
因为我的犹豫肉店主人也难为情。

梦尚，对不起……因为妈妈这样……

从那以后，

梦尚，
吃好好。
哦……
噢……

现在，梦尚吃剩的辅食也……

嗯？不吃了？
还有呢？
摇摇头

不能扔掉。

真好吃……
好牛肉啊……
呵呵
喜欢肉
……最近缺钱吗？
爸爸给你寄点钱吗……

不，不是那么回事。

## 得工作呀

我在家里一边养着孩子，一边画漫画。

我是职业女性。

有要急着完工的工作时，抱着孩子一边喂奶一边画漫画。

嗯嗯!!
超级妈妈

今天也是因为有要完工的工作，哄梦尚睡在婴儿车上，放到了书桌旁边。

嗯嗯

嗯嗯。
嗯……

啊，什么嘛，这么快就醒了？
再多睡一会嘛。
嗯……

哈……

不大爱笑的小家伙怎么笑了……

……

嗯，稍等一会儿，妈妈把这点儿做完。
哗

哈
笑咧咧

小家伙今天怎么了……

……

你……你……
妈妈现在忙着呢，
你这样……

嫣然笑
微微笑

哈……
哎，你这个
小天使！！

笑得那么灿烂让妈妈怎么工作呀？
最终，这一天什么也没能做，喀……

## 哼唧女

这样也哼唧。

哼唧哼唧

那样也哼唧。

哼唧哼唧

一整天都哼哼唧唧。

哼唧哼唧

你今天到底
怎么回事？

放过妈妈吧！

啪嗒
啊，爸爸
回来了！

甜甜地笑
满面笑容
哎哟，梦尚，
想爸爸了？

你不要那样……真是
被背叛的感觉……
怎么了？

和妈妈在一起
不好玩吗……

# 春节

迎接第一个春节的金梦尚!!

喜鹊喜鹊春节是……
春节是什么?


因为是带着孩子的第一次远征，很紧张。

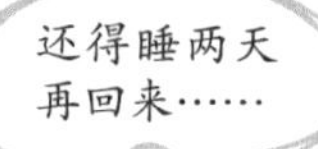

还得睡两天再回来……
不是我们家应该也可以好好睡吧……

准备了一大堆东西，大包小包。

好了，放上车吧。
搬家吗?

春节的要点就是磕头!!!

你也要磕头哦，
宝宝。♡
?

磕头也很可爱。♡

新年愉快快!
趴着磕头

我自从长大以后，就没有收过压岁钱，

长大以后，
不好的就是
这一点?!

梦尚拿到了很多压岁钱，很开心。

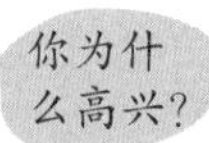
你为什么高兴?

当然不没收。

以梦尚的名字给攒起来。

真的吗?

不相信妈妈……
?

## 金李檬的话——6个月：辅食!

### 1. 辅食

现在，宝宝可能是手上开始有了一些劲儿，

为了抓到眼前的东西，经常乱挥胳膊。

虽然还抓不到“想”抓的东西，

而只是抓“碰”到的东西。

吃奶的时候，拽我的衣服也是颇有力气，

夸张点说，似乎是要把我甩出去。

快满5个月的时候，开始给宝宝添辅食！

做辅食的妈妈，内心怦怦直跳。

很像过家家的游戏。O( ∩ _ ∩ )O 哈哈哈……

米泡开以后，磨成粉，做成米糊。

梦尚张着小嘴吃得很来劲。万幸。噢，可爱的宝宝。

因为是刚开始加辅食，

米糊里只放土豆、胡萝卜、地瓜、苹果中的一种做辅助材料。

量大概是每次90毫升，一天3次。

不知道这个量是多还是少。

辅食书上说的都不一样。

但孩子能吃多少就给多少，应该没错吧？

Tip

孩子吃多少就给多少，我觉得那是正确答案。辅食的平均量本身也是比较模糊，而且宝宝们也不按照平均值成长。给吃不下的孩子硬吃，不仅妈妈辛苦，孩子也很难受。以我的经验来看，爱吃的孩子一开始就爱吃，不爱吃的孩子一开始吃得就不好。（噗哈）

索性我也预定了宝宝吃的米果！我快要成为网上购物达人了。（噗哈哈）。自从决定开始给宝宝添加辅食以后，宝宝的便便也比较稠，开始拉出像大人的便便一样的形态，颜色是“耀眼”的金黄色。所谓的黄金便便原来是这样的！吃胡萝卜的那天是胡萝卜，吃苹果的时候是苹果。吃了什么，马上能以便便的内容确认，这也颇让人新奇。人的身体真的是很“诚实”。

我的便便难道是因为吃的东西混在一起才成那种形状？……（打住）有一次，宝宝的便便中零星地掺杂着白黄色猕猴桃籽一样的东西，我一惊：“这是什么！我给她吃了什么？”后来才想起是褪了色的草莓，让我笑弯了腰。

## 2. 宝宝的“青春期”

宝宝们在 20 个月之前，会周期性地出现快速成长期。
每到那个时期，身体为了准备快速成长，
要学习和接受很多东西，所以宝宝的情绪很不安，
真的像青春期的孩子一样，是经历“大风大浪”的时期。
经过这一时期以后，父母就会发现宝宝长大了很多！
回想起来，好像梦尚也偶尔有过让人疑问
“这孩子，最近怎么了”的时候。
就像女孩子们无缘无故地敏感易怒的时候，
人们会问“你是特殊的日子到了吗”的感觉一样。
知道理由而对宝宝的哭泣和磨人予以包容，
和完全不知理由地被折腾是有很大差异的！
给山上说明着这些情况，我们决定把其称之为宝宝的“青春期”。
宝宝的“青春期”，真可爱。（呵呵呵）

在对我们宝宝做什么呀？
噗，像那么回事!!
是假发，假发！

# 爬爬看

玩的时候，梦尚不小心趴在了地板上。

啊哈

不知怎么的我很想让宝宝练习爬，
所以就继续让她趴着。

到这里来，
嘟……
吭吭

小家伙挣扎的样子好玩极了。

可爱死了！！！
谁的宝宝啊！！！

挣扎

挣扎了半天，宝宝累得壮烈地趴倒在地板上。

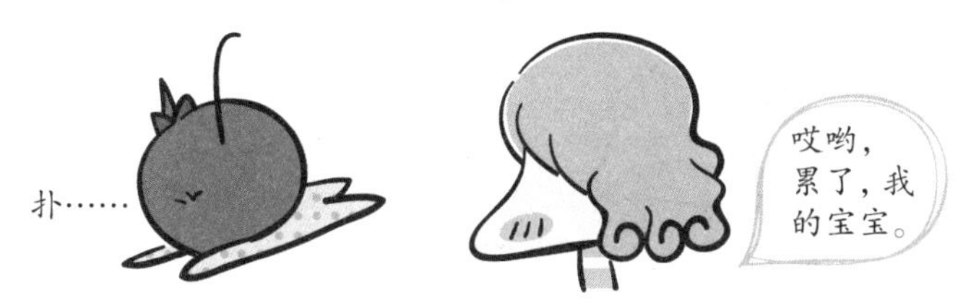
扑……
哎哟，累了，我的宝宝。

但是，一会后宝宝就开始以那种状态舔地板……

搭搭搭
哎！！！
所以以后要赶快抱起来。
是。

# 硬块

拉屎的时候，全身颤抖的金梦尚。

颤抖

在拉便便

但是，两天了，
使着劲儿颤抖，也没有拉出来。

嗯?
什么也没
有吗?
干净

可在今天早晨

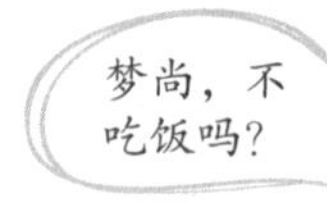
梦尚，不
吃饭吗?

摇头

突然不吃了。

继续坐立不安、不知所措的金梦尚。

要安抚奶
嘴吗？

摇摇头

揉眼睛

坐立不安

我以为是她便便了，
可打开尿布检查还是干净的。

奇怪，这是
怎么了？
也没拉屎……
为什么？突
然身体不舒
服吗？
哼哼唧唧

然后大哭!!

哇!!!!
颤抖
怎么了?

紧接着一股味儿!

噢，恶心……

找开尿布一看，
拉了个屎蛋儿。

到现在为止宝宝拉
的都是稀的大便。

噢……有点像大
人的便便……

为了把它推出来这么辛苦，我的宝宝。

呼……

我觉得很了不起，于是留下了照片。

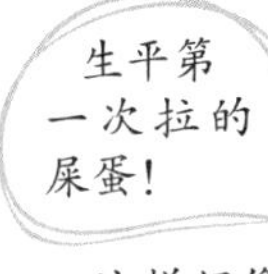
生平第一次拉的屎蛋！

咔嚓
这样好像一下子长大好多。

拉完便便之后，宝宝恢复了状态。

梦尚的姥姥正色道:

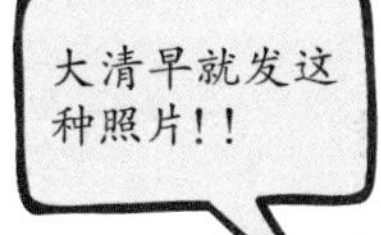
大清早就发这种照片!!

怎么了？多乖呀，嗒……

其实那个屎蛋儿是宝宝便秘的结果，
无知的檬妈过了好久才知道……

咬人

和往常一样喂奶时，
有种奇怪的感觉。

嗯?

小家伙难
道是?!!

在咬妈妈呀。

嘿还没长
牙呢!
真是
无语，
无语。
但还挺
痛呢。

所以，下一次再咬的时候，

哎呀！
咚

说着，我轻轻地敲了一下她的额头。

结果……

呜咽呜咽
嗬

现在那表情是什么意思？

可是那以后还咬！

啊！
小家伙！

在没防备的时候被咬还是很痛。

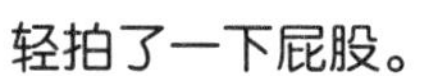
轻拍了一下屁股。

妈呀，疼！

结果又……

呜咽呜咽

什么嘛！

难道知道在说她？

可……
可爱……
还会抽噎
抽噎抽噎

网上购物

因为养孩子，

啊，
没水了。
尿布也……

我成了网上购物的达人。

需要的
东西
搜索到最便宜的价
格后购买的技术。
闪烁

最近，另一件愉快的事是，

咔嚓

写下对商品的评价，获得积分的乐趣。

10000 分！
呵呵，60 元，
呵呵……

鼻涕

梦尚感冒了。

鼻涕
呼哧

宝宝晚上从睡梦中醒来，

因为鼻涕吭哧吭哧的。

zzz
吭哧吭哧
哎哟……睡觉会不舒服哦……
鼻涕吸引器放在哪儿了？

专为不能自己擤鼻涕的宝宝们设计的鼻涕吸引器！

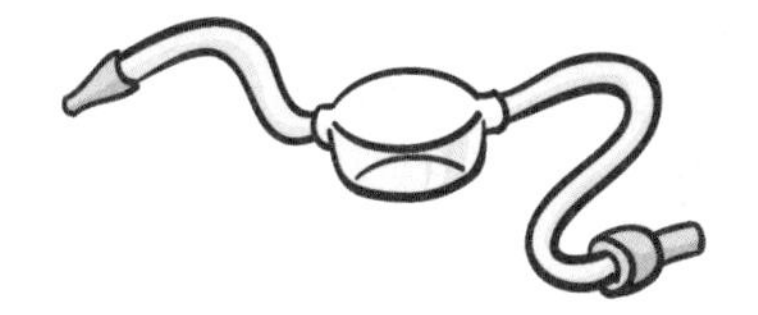

妈妈用嘴直接吸鼻涕时，
鼻涕会流到中间的塑料盒里。

给宝宝吸完鼻涕再睡。
是睡非睡
吸！

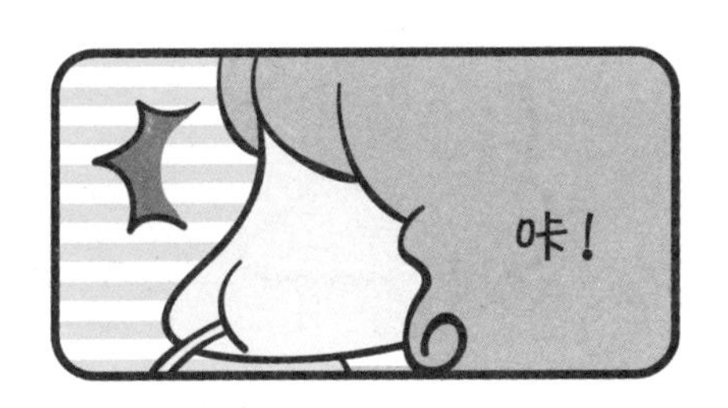
咔！

因为倒着吸了吸引器，我吸到了鼻涕……

……

瞬间流进了咽喉，也吐不出……

哎呀…

**啊，咸乎乎……**

第二天

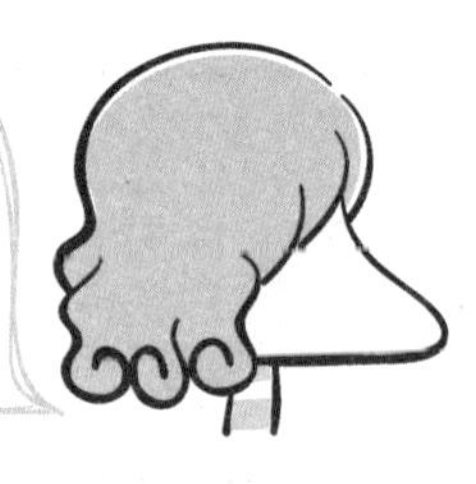
妈妈对你的爱不管是什么也都可以吃，宝宝。

?

我是喝着你的鼻涕把你拉扯大的。

# 金柰檬的话——7个月：现在是否有点儿高手的架势?

## 1. 我的宝宝的“时期”和“速度”

满6个月的我家金梦尚唯一的本事，

就是“坐着”（那也不是自己坐着，而是要帮她坐着）。

不会翻身，也不会爬行，别的孩子从百日就会的，

她连吮手指头现在都不会。

到了这个时候，

据说妈妈们因为宝宝们不管什么都往嘴里送而提心吊胆，

而我的宝宝把饼干给她也不会吃。给你还不吃吗？

“应该让她练习爬吗？”

后来一想，我觉得没必要。

宝宝们发育的程度略有差异，

所谓的平均真的就只是平均，

没有必要因为我的孩子没有到平均值而焦虑。

发育快，就觉得很欣慰，

相反，就觉得很不安，这是每个做妈妈的心情。

其实水到自然渠成。

我很想成为能承认我的宝宝自己的成长“时期”和“速度”的妈妈。

## 2. 终于开始长出下牙

给宝宝吃饼干的时候，我把手伸进了她的小嘴里，

触到了有点硬的东西！

梦尚吃奶的时候，咬了一下乳头，很痛，

和以前不一样的疼痛！呃……

掰开宝宝的嘴一看，还看不出来，

只是用手摸的时候能感觉的程度。

啊！宝宝终于长出下牙啦！

总是想给宝宝买点什么东西，

于是给她买了切东西用的玩具。

我自己想想也觉得颇为荒唐。

长牙和切东西玩具有什么关系呢？

……是的，玩具是我想要的。

是我没有抵御住按先后顺序赠送生

日蛋糕玩具的诱惑。

五颜六色
的玩具竟让我
颇感满足！

## 3. 向高手妈妈大步迈进

以前，去饭店吃饭，

如果梦尚哭闹，

我会很紧张，

所以饭也吃不好，

吃完饭也不记得吃了什么。

但是现在，带了半年的孩子之后，

孩子磨人也不慌张，

一手抱着孩子，该吃的都吃。

孩子继续哭，就绕着餐厅转一圈。

如果有人上前帮我抱孩子的话，就趁机快速吃完饭。

看着这样的自己，我不禁想：

“啊，我也快成高手妈妈了！”

一手抱着孩子，能很熟练地整理被子、叠衣服、摆放饭菜！

檬妈成了膀大腰圆的超人！

宝宝哭闹、发脾气的时候，也有忍不住想教训小家伙的冲动。

但，宝宝萌萌地望着妈妈的时候，

我就能忘记世上所有的烦恼，

能宽恕所有的仇人，

让我有种置身天堂的感觉。

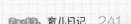

# 水杯

金梦尚用餐中。

吃好好，张
嘴，啊……
啊……

可口水流得太厉
害了，小家伙。
不带小围
嘴想再接
喂来着。

放在哪
儿啦？

为了找小围嘴，转过头去的那一小会儿……

发生大型事故
呼噜……
@#%$£%*@%$!!!!

啊啊？
笔记本电脑
宝宝，不能那样啊！！！

爸爸的笔记本电脑幸免于难。

啊啊？
啊，
万幸！

自寻烦恼

在外出聚会时，我见到了和梦尚一样大的女婴。

几个月了？
7个月。

7 个月大，已有 10 千克的那个宝宝，

8个月7千克。
头发已很密。

真的是肉墩墩的。

脚面也是胖乎乎的。

吃得好，
长得壮，
多好啊。

你的孩子脸好小啊，是女孩子应该有的那种可爱的样子……

梦尚是因为不爱吃才这样的，不爱吃……

我的宝宝现在还不能自己坐，好像就是因为太胖了。

就因为宝宝吃得多少，又因为宝宝个头太小，
妈妈们自寻烦恼，喀……

多好啊，
喜欢吃。
呵……
多好啊，
小脸蛋。
呵呵呵……

# 老公的爱

我回来了！
啊！爸爸
回来了！
爸……
今天，牧师讲
了有关孩子
教育的问题。
嗯？
别的都没用，
让孩子看到爸
爸妈妈之间的
亲密关系
就是最好
的教育。

从那以后，山上先生……

我爱你，
老婆。
嗯？

全身心地爱你。
全身心？

开始在梦尚面前，表现出过度的爱意。

梦尚，
爸爸妈妈现在
是在相爱哟。
亲亲
亲亲
喀喀喀
？

对我的揶揄也……

喀喀喀喀是驴子驴子！
噌地
……你现在不害怕我了？我要惩罚你。
戛然而止。
不，不是的，我要爱老婆！
对对，爱吧，喀……
揶揄……

轻摇
爱我哦！爱我哦！
梦尚！妈妈爸爸很相爱哟！？
揶揄
嘎嘎……
幸福的家庭（?）

# 下牙

在梦尚的下牙龈上，我触摸到发硬的东西。

咦？

仔细一看，长出了下牙！

啊……
只看到了一点点。

是第一颗牙，第一颗！！

十分高兴的我，为了能够拍到它竭尽了全力。

梦尚呀！啊……
咔嚓
咔嚓
"啊……"一下，"啊……"
手舞足蹈
咔嚓
咔嚓

现在还不够明显，
梦尚也不张着嘴给予配合（虽然这才理所当然），
所以每次都失败。

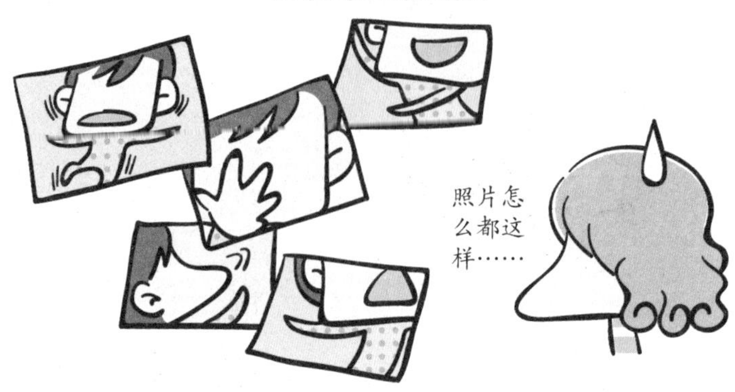
照片怎
么都这
样……

有一天，

哇!!!!

我的宝宝
怎么了!?
通通通
哇!!!!

那时，我看到的金梦尚的样子是这样的：

闪光

就是现在！！！！！！
咔嚓咔嚓咔嚓
哇！！！！

孩子哭了也不去哄、光忙着拍照的妈妈。

你是妈妈吗，妈妈？
吱吱吱！！！！
喀……
宝宝，对不起。

# 幸福

为了睡觉，铺开被子以后，
把梦尚放在了老公和我之间。

现在要睡了。

不知怎么小家伙那么高兴，扑腾个不停。

哈哈！
啊！噢！
扑腾扑腾
哎哟，小家伙。
噢，怎么这么高兴？

趴、扑、滚，很是来劲儿。

骨碌碌
左爸爸右妈妈就那么高兴？
那么高兴？

a……o……
ji……da……
可爱，呵呵呵……
呵，
可爱的小家伙。

应该没有比那时的我们更幸福的家庭。

Ne……No……Da……

# 金桼檬的话——8 个月：野蛮行径的开始！

## 1. 让人意外的下牙

终于，梦尚开始把手送进嘴里。
今天早晨，宝宝还悄悄地自己翻身。
而且，还习得了原地转动 360° 的技术。
因为宝宝整晚不断地转动，还 180° 翻转，让我无法入眠。
一直是睡大字形觉的孩子，开始左右翻滚，让人很是新奇。
但是睡醒的时候，小家伙的脚在我脸上的时候就有点儿……(呜呜)
现在，梦尚总是想抓着什么东西挣扎着站起来，
所以我要时常注意。
今天早晨，梦尚醒得比我早，
因为太困，我躺着喂她吃奶，不料被咬了一下乳头。
宝宝也没有牙，怎么还这么疼呢？
那一瞬间，我狠狠地瞅了一眼梦尚，
却从她微张着的嘴唇之间，发现了下牙！
噢噢，已经长到可以看见了！
还以为当然是两颗牙一起长出来，
却只有一颗，很是惊讶。
让人感觉意外的下牙！

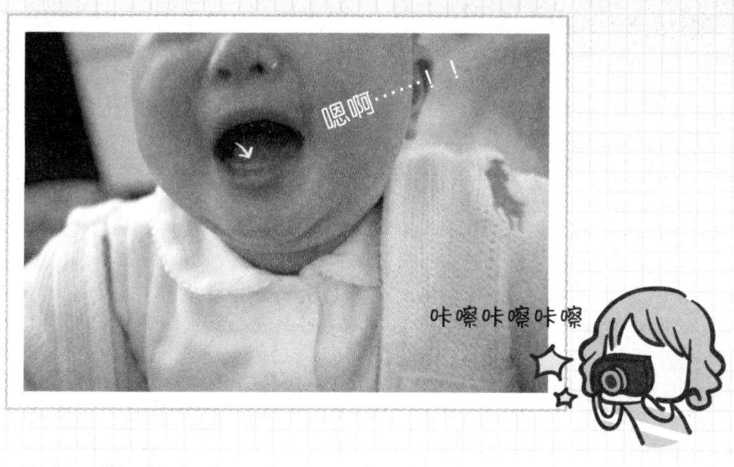
嗯啊……！！
咔嚓咔嚓咔嚓

## 2. 便便炮弹

散发着臭味，小家伙拉了便便。

今天也生产出了相当多的量啊。

我一边感叹着一边换着尿布，看到宝宝的肛门有点红且微张着。

“怎么回事？”仔细看的那一瞬间，

完全解除武装的屁屁，突然发射便便炮弹，嘭！

瞬间，还没有理解事态的我，完全被惊呆了！

这该怎么收拾？先收拾什么？

如果弄不好，会弄脏更大面积的被子！

数十种想法在脑子里乱窜的那几秒钟，

金梦尚因为排空了肠道而感觉清爽，开始愉快地踢腾双脚！

便便溅到四处！哎，最后，拆洗了被子。

啊，竟然受到便便炮弹的攻击，让人精神崩溃，真是……

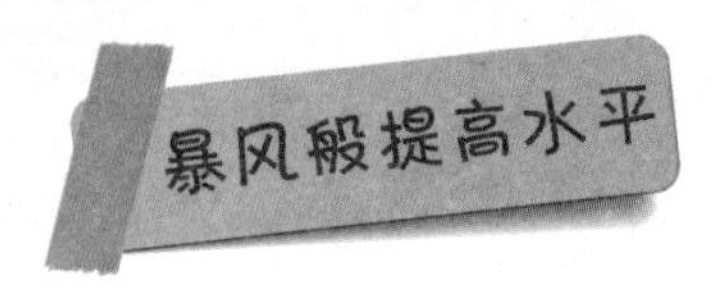
暴风般提高水平

金梦尚直到 7 个月，都没有自己会做的事情。

刚开始翻身。

不能自己坐。

不会爬。

不能把东西放到嘴里。

现在到了 8 个月，完全是暴风一般地提高水平。

不喜欢一点一点进步，所以要一下子提高吗？

哼！

有一天早晨……

挣扎

噢，该换尿布了吗?
梦尚……

噔!
呼!

你怎么坐起来的?!

梦尚能自己坐起来了!!!
噢，世界上竟然有这种事?!
咚……
猛发短信!

我的宝宝自己
坐起来了？

噔！

呼！

安抚奶嘴是怎么咬上的?!

视线离开一会儿，每当转头总是能看到梦尚自己完成一件事。像漫画一样!!!

噔！
嘎！
从什么时候开始
学会这些的？
不会是爬过
来的吧？！
天线娃娃？

起床

早晨睁开眼睛，

宝宝自己翻身爬起来坐着。

我现在是能自己坐起来的女孩。

哼哈！

找到枕边的安抚奶嘴咬在嘴里。

吸住！
咬上！

翻着玩具盒自己玩。
哗啦啦
动一下电视机。
翻翻化妆品。
摸摸游戏车。

这样还不起床的我的妈妈，算什么？

……
哈啊！

哎，起来！
啊？！

比宝宝还晚起的不良妈妈。

父亲节

父亲节！

今天是父亲节！！

今年有了孩子，
应该利用孩子做一个不同寻常的节目。

要利用你！
闪光
?

我的计划：

姥姥姥爷
把康乃馨漂亮地戴在梦尚的头上。
照一张漂亮的照片发过去！

开始进入戴花环节！

加油！
哎哟，
真漂亮！
?
发带上贴
上纸花。

以为孩子马上会摘下来，意外地她却很配合！

噢?
意外地老实?
好！
快点儿结
束拍照！
?!

但是……

往这边晃晃，
又往那边晃晃。
老实点儿，
别动。

啊!!!

捡起来就吃(?)

好吃。
不行!!

扑向相机!!

啊……
别过来!!!

强制性地结束拍摄。

艰难地拍照……

化为泡影了……

好不容易抢拍下来的照片是这样的。

姥姥
姥爷
我爱你们♡

叠衣服

妈妈在晾衣服的时候，

当当
宝宝在收衣服。
哗哗
小家伙！

妈妈在叠衣服的时候，

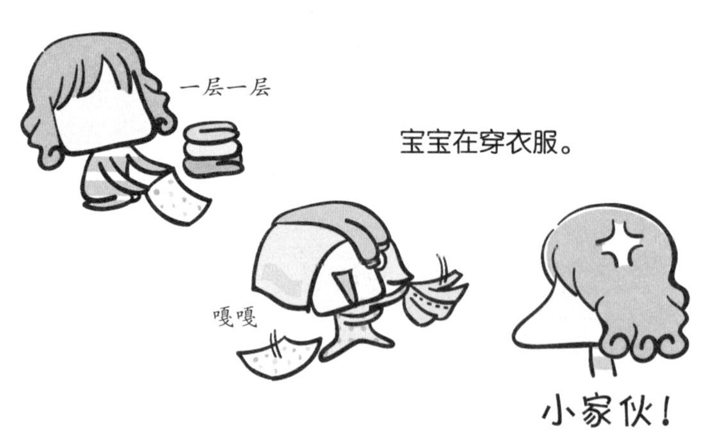
一层一层
宝宝在穿衣服。
嘎嘎
小家伙！

## 金柰檬的话——9个月：金梦尚提高水平！

### 1. 金梦尚在急速成长

现在宝宝长大了，早上先醒来之后，会翻身坐起来，

先把枕头边的安抚奶嘴咬在嘴里，

紧接着翻出玩具桶来玩儿，然后在房间里转一圈，

碰碰这个，玩玩那个。

直到7个月，宝宝都还没有什么会做的，

但满8个月后的现在，完全处于急速成长状态。

特别是自己找出奶嘴咬在嘴里时，真的让我大吃一惊。

奶嘴是放在一边的，梦尚也分明在玩着别的，

可我转过头去一看，宝宝已把安抚奶嘴咬在了嘴里。

我完全没有想到，宝宝自己会把奶嘴咬到嘴里。

于是，抱着不可能的想法，我重又拿下安抚奶嘴放到了一边，

然后观察宝宝，

却看见她笨拙地伸手拿起安抚奶嘴，

晃晃地拿到嘴边咬到了嘴里！

哇，是真的耶，太可爱了。檬妈高兴得快晕倒了。

今天早晨，宝宝还自己抓了一点儿蛋糕放进了嘴里。

难道是进入了口腔期，不管是什么，都往嘴里送？

爬也大有长进，但还不能爬过门槛（呵……），

还学会了抓着桌沿往旁边移动的技术。

现在用吸管吸东西也不错，还用嘴发出“呼哧呼哧”的声音。

还能把放在木地板上的饼干，小心地捏起来。

我的宝宝每天都在成长。

但是这种喜悦也是暂时的，

开始爬行以后，我深深地赞同感觉到更累的妈妈们的话。

最近，因为宝宝到处爬行，我没办法睡懒觉。

只要稍不注意，宝宝就爬到外面，

推倒东西、摇晃电视，简直乱作一团。噢，天啊！

## 2. 安慰安慰我

和老公吵架后，我洗碗时会发出很大的声音。

本可以安静地洗碗，为什么发出那么大的声音、用力地洗刷呢？

是要让老公明白，我，生气了。

但是，那种心情好像同样转移到了孩子身上。

和老公吵架的那一天，我好像拿无辜的孩子出了气。

其实和平常是一样的，宝宝因为困而哭闹，

但我却比往常的声音高，也更不耐烦：
“你怎么让妈妈怎么累！困的话，就快睡！”
这些话中，
有希望老公能够听出“我感觉很累”这一无言的含义。
但是，听到这些话的老公却朝我发火，说：
“怎么拿那些小事跟孩子发火？
是不是我不在家的时候，你总是这样对待孩子？？”
于是，吵架进入第二阶段。
当然，也有因为疲于照顾孩子，而冲孩子发火的时候，
但更多的时候，是出于想让老公听到才间接地诉说。

当然那不是什么好行为。孩子有什么罪呢？
但是那种情况下，
我更希望老公不要只看到我“对孩子发火”的表面现象，
而是因我生气而安慰我一下，
“是不是很辛苦？”或者“我哄孩子睡，你歇一会儿吧。”
那样的话，就一句话，
我就会消去冲着孩子发火的一半以上的不耐烦。
总之，最近总是反复着这样的恶性循环。
对老公的不满，本应该跟老公解决。
觉得累，就应该直接告诉老公我很累，却总是说不出口，
而是想等着老公先给予理解。
老公和我的想法不一样，
老公不了解的时候应该直接给他讲。
现在，我还是有很多不足之处的妈妈。呜呜！

## 面条的盛宴

了解到孩子们喜欢吃面条的信息，

闪光
噢，面条！
上网搜索

就煮了一点儿面条给宝宝吃。

梦尚，这是面条。

下了很多功夫。
呼噜噜
呼噜噜
好好吃的哦！
扑通扑通

但是宝宝不吃，

嗯？不吃吗？
摇摇头

而是直接把手放进碗里了。

扑腾
扔掉
嗖……

不是吃饭时间，而是成了探索活动！

嘎……
倾注了我的心血
的面条呀……
那是吃的东西……

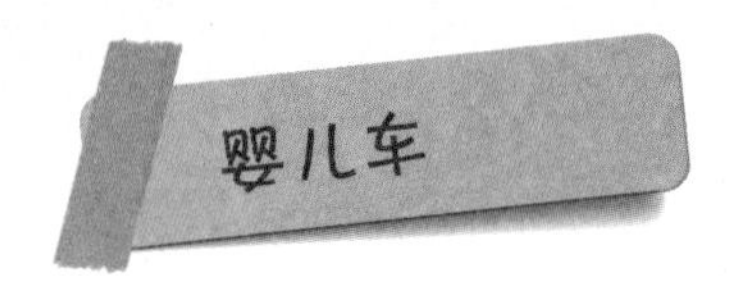

# 婴儿车

截止到现在檬妈一直使用婴儿背带。

摇摇晃晃
这个最舒服了……

公公看到这些，给买了婴儿车，寄了过来。

寄了一个。
噢，爸爸！非常非常感谢！

梦尚的爷爷买的婴儿车！

哇，是婴儿车！

但是，不敢贸然使用婴儿车的原因是：

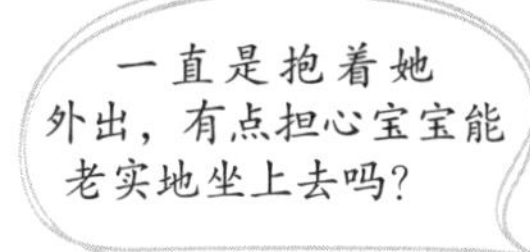
一直是抱着她
外出，有点担心宝宝能
老实地坐上去吗？

而且我们家是独门独院二层小楼！！

上两层台阶！！
我自己抱着
孩子，又拿
着婴儿车能
下楼吗？！！！

所以，我叫来朋友帮我第一次带着婴儿车外出！

朋友虽
然是未婚，
但照看孩子
是高手。
哦，高手就
是不一样！

刚开始的时候，可能是新奇，梦尚好像还挺高兴。

（眼睛）
闪烁
坐得不
错吗？

可回家的路上，宝宝就开始哼唧着不想坐在婴儿车里。

把我
抱起来……
哼唧……
你这家伙！

还是觉得婴儿背带舒服。

能轻松抱
着你外出。
怎么能不
舒服呢？

还是等梦尚长大一些再用婴儿车吧！

超紧张。
呵……

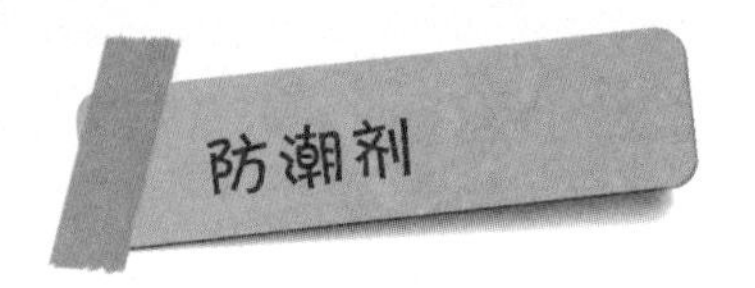

# 防潮剂

愉快的晚餐时间！

晚饭吃得很好。

我把在做的工作做完吧。
嗯，快点做完吧。

檬妈在收拾碗碟。

那时，正在惹祸的小家伙!!!

在吃紫菜里
的防潮剂。
怎么拿到
手里的?
金梦尚!!!!!

怎么啦，怎么
啦？什么事?
梦尚在吃
防潮剂!!!
快!!
吐出来!!
??
吓一跳。

幸好没有咽下去。

我们宝宝倒不
怕潮湿了……
谁说不是呢……
嘎?

半夜吃奶

有一段时间，大概有一星期左右，
梦尚晚上不找奶吃了。

梦尚有一个星期晚上不找奶吃了。
也没有教过。
是吗？

孩子也不哭，多好啊！
这样能自然而然地断了晚上的奶吗？
那样就好了。
是啊是啊。

但是，白天非常频繁地找奶吃。

闪光！
我的最爱，咂咂。

随时过来掀上衣。

你这个家伙!

在家里还好，在外面的时候就很尴尬……

小家伙!!!
在这里不可以!!!!

好像也不是真的饿，但总是翻找，真的喂她奶，
又只吃两口就……

孩子……

吃两口就不吃了……
~?

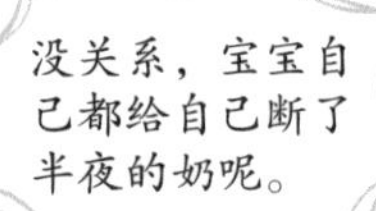
没关系，宝宝自己都给自己断了半夜的奶呢。

这种程度就忍耐吧！
阵阵酸痛。
因为梦尚频繁地吸奶而疼痛。

但是，最终还是又开始了半夜吃奶。

这是什么……

到现在还不知道，为什么那时将近一个星期都不找奶吃。

只是女孩的善变吗？

眨眼
喂，小家伙……

## 金柰檬的话——10个月：吃点饭吧，小家伙！

### 1. 自己站起来

有一天，梦尚扶着我的膝盖从我手里夺过水杯站着，

哪儿也没靠，就自己站在那里！

掌声好像也能听懂了。

看电视的时候，听到掌声也一起拍巴掌，

说一声“鼓掌”就用小手拍起来。可爱。

怎么做的每一件事都那么可爱呢？

就因为是我的孩子？（十足的刺猬妈妈）

刚开始的时候，还只能站几秒钟，

现在，站立的时间就比较长了，

还站着拍巴掌。

哇啊啊啊啊！了不起，金梦尚！

噔!!
自己站起来的!!!

## 2. 挑食也是遗传？

不知宝宝是不是因为像爸爸，比较挑食。

妈妈说是因为我做的辅食不好吃。

可妈妈做给她吃她也是一样挑食。呵呵呵。

还好，宝宝喜欢用酱汤、海带汤泡饭吃。

把虾煮熟后，捣碎加上米熬成粥，宝宝也吃得不少。

但是，即使是吃得不少，与平均量比较的话还是太少。

而且，同样的饭菜给两次以上就拒绝吃。挑剔的女孩！

我的奶也不像以前那么多，

人靠的是饭的力量，就吃那么一点儿，哪来的劲儿呢？

Tip

宝宝一段时间不吃，一段时间吃得不错，反复着这样的模式。刚开始不吃的时候，我想尽办法让她吃，但过一段时间，宝宝又吃得不错。是这样一种感觉：好好吃一段时间，把能量储藏在体内，然后不好好吃，消耗那些能量。又不是等着冬眠的熊，梦尚你到底是怎么回事？（噗）

梦尚从 4 个月大时的 7 千克体重长到 8 千克，用了半年的时间，从 8 千克到 9 千克却用了一年的时间，但是，梦尚仍是在健康地成长。我养孩子的过程中体会到的一点就是：平均，顾名思义就只是平均而已。

## 3. 给人负担的小人——金梦尚

周日参加活动的时候，金梦尚到处走动、参与。
今天，宝宝又对一个姐姐带来的玩具积木表现出浓厚的兴趣。
但是，把玩具的部分积木给她玩时，
她还是向着那个姐姐正在玩的积木冲，
结果把那个孩子弄哭，让我抱歉不已。

## 4. 有了婴儿车

公公给买了一辆婴儿车寄到了我家。
好像是从他家附近的婴儿用品店选购的。
其实，阅览育儿网上的婴儿车讨论，
大家推荐的都是进口的高档商品，
给人一种不用那些高档车就不好的感觉。
其实，只要是正规商家的产品，用起来都是不错的。
公公给买的属于国产品牌的这一辆，我用着也很好。
都说育儿商品的价格泡沫特别多，
但有时我不禁想：真的泡沫是父母脑中的想法。
婴儿车也没必要先买下备着，
根据自己的育儿模式再去选购更为合理。

## 哄着睡午觉

在家里怎么哄都不睡，

睡吧!!

我不睡!!

抱着出去逛了半天，

才勉强睡着。

呼，睡着了，
很好!

马上回到家里放下，

宝宝睡觉的时
候，妈妈要做的
事情很多哟！
悄悄地

心里祈祷着不要在放下去的瞬间就醒来，但是……

忽闪
圆溜
懵！！

把一个小时的散步化为泡影，
不原谅你！！

今天要做的
事泡汤了。
好吧，
玩吧，玩。
啊哈……

# 野蛮行为

拔掉电话机插头

喂，
你家的电话怎么又打不通？
嗯？
啊，
这家伙又……

总是拔掉充电器插头。

翻碗柜

打翻饭碗

凉菜碟子
浓浓的食醋味儿……

抓到的东西全部打翻，

哗啦啦

屋里经常不是 5 分钟之后就一片狼藉，

真想在天花板上系一个搁板把东西全部放上去，真是……
一个一个地……

就是已经一片狼藉。

哗啦啦
一震

玉米片阵亡。

啊！！！
小家伙！！
那个你是从哪
儿拿出来的！！！
那是我的应急
粮食啊！！！

要打我吗？

一闪一闪地
亮晶晶
噢，滑头！
竟然用眼光撒娇！

你这个事故小人！！！

要打我吗？

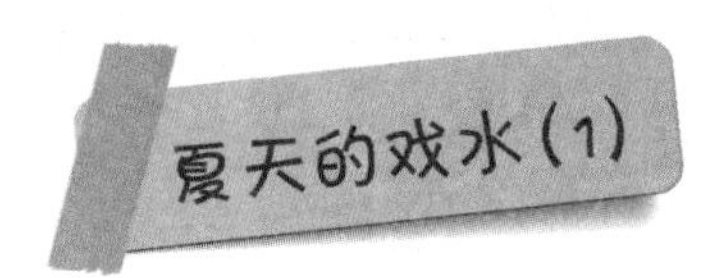
夏天的戏水(1)

去牙山的水上乐园玩！

就在娘家跟前。

呀唬，
水上乐园！！
飘飘然
好吗？

因为梦尚喜欢水，所以想和她尽情地玩儿才带她去的。

梦尚，我们游泳吧！
闪烁！

但因为突然传来的巨大的水声，宝宝吓坏了。

哗！！！
啊！！！！！
嗬！

最终还是由妈妈和姥姥带她避身到安静的温泉。

孩子，我们去温泉啦。
你玩够了再回来！

好的！

这天，我自己大概滑了上百遍的滑梯。

呀唬！！！
嗖嗖

完全是忘我地玩。

累瘫了
两腿发抖
玩完了？梦尚，妈妈回来了。
嘎！
小家伙睡一觉醒来后，好像也玩得高兴。

# 爸爸的受难

换季时，我早晚受了点儿凉，
好像有感冒的迹象。

啊，不行，这一定是感冒了。
这个周末是梦尚一周岁生日，这样可不行。

趁早去医院。

我快去快回，你好好照看孩子。

嗯。

因为周末是孩子一周岁生日。

给开一些强劲的药吧。

这期间，爸爸和女儿。

哼唧……

你怎么了……

这时，从哪儿飘来的隐约的味儿。

嚇！

拉屎了。

天哪！

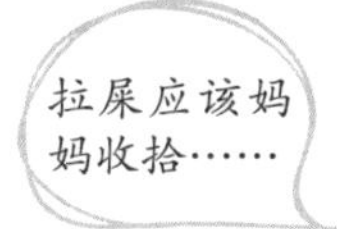
拉屎应该妈妈收拾……

悄悄地

哼哼唧唧

……
汗流满面

哼哼唧唧

**哎！！先去卫生间！！！**

嘭……
噢……

惊慌失措。

妈妈是怎样给你洗掉便便的？
脸……脸盆……不行……首先先把黄块抖掉……
别别扭扭
犹犹豫豫
脏脏

哎，不管了!!用莲蓬头冲洗!!!

唰啊……

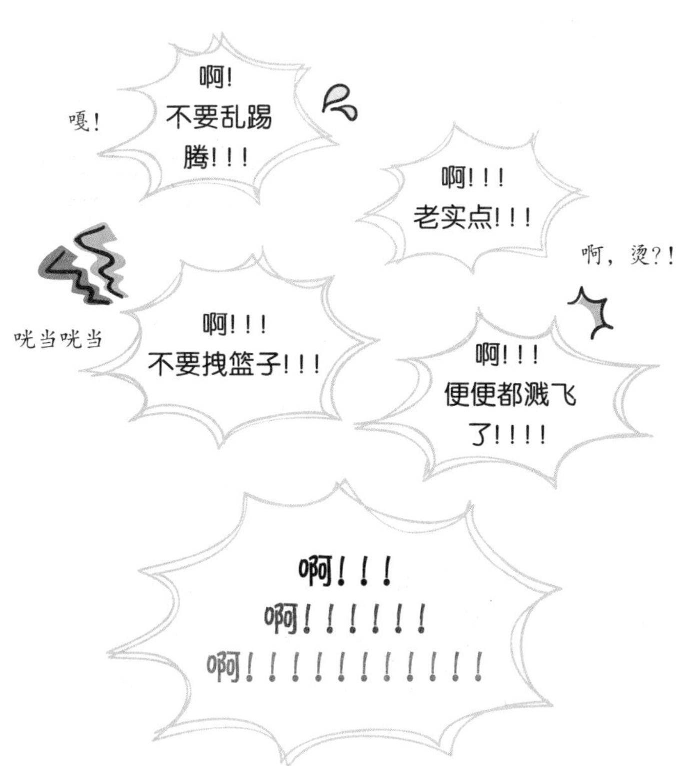
嘎!
啊!
不要乱踢
腾!!!
啊!!!
老实点!!!
啊，烫?!
咣当咣当
啊!!!
不要拽篮子!!!
啊!!!
便便都溅飞
了!!!!
啊!!!
啊!!!!!!
啊!!!!!!!!!!!

我回来了。
玩得好吗，宝宝？
嘎，妈咪……
已累成"尸体"。

爸爸的英雄谈
我用这手把
屎……屎……
颤抖……
呵……
干得不错，爸爸！
呵……

# 金李檬的话——11个月：宝宝们都一样……

## 1. 悄然长出的上牙，乱了套的家

宝宝一直没有长出上牙，觉得有点儿迟，

但昨天摸到了有点硬的东西。

一下长出了四颗上牙，紧接着又看到长出了两颗下牙。

小家伙总是这么搞突然袭击！你这个小“突袭女”！

最近宝宝的活动范围变大，好奇心加重，

手的运用也变得灵活。

只要听到打开冰箱的声音，就爬过来乱翻蔬菜箱，

化妆品篮子自然不用说，连垃圾袋都要翻。

水或液体倒出来后，高兴得乱拍乱踩。

因为金梦尚，家里永远收拾不完，

索性放弃收拾，心就平静了。呵呵呵呵……（精神崩溃）

## 2. 一周岁生日筹备

终于拍了一周岁纪念照！

仙女
下凡♡
超级照♡
小熊♡

为了能有最好的状态，等宝宝睡完午觉后才抱去拍照，
梦尚没有预想的那样给很多笑容。
但在妈妈眼里，金梦尚是世界上最最可爱的女孩。嘎！
梦尚没哭也没闹，很顺利地结束了拍照！噢，妈妈们的最爱。
没有要影集，只选择了原版照片和家庭照相框，
因为以前拍的结婚照也都主要是在电脑上看，不大看影集。
下个月就是梦尚一周岁生日，
最近我在网上狂搜梦尚周岁生日时要穿的连衣裙。
但是，租用费怎么那么贵呢？那个价钱都可以买一件了！
在“二手世界”搜了个遍，没太有让人满意的。
二手价格也不便宜。
后来在家附近发现了蕾丝连衣裙就当即买下啦，
比租用费更便宜的价格——180 元。

买了连衣裙，还买了一件开衫。
和连衣裙很匹配的帽子，
也在“二手世界”以15元买下！
宝宝穿上连衣裙，戴上帽子，
酷似洋娃娃，
可爱得差点让我晕过去。

仙女！
仙女下凡了！！

## 3. 不要跟他玩！

“不要跟他玩！”有这样跟孩子说话的父母。
我曾想：“以后我可不要那样。”
可今天，在子母室发生了一件事。
有一个男孩，顽皮地在梦尚旁边大喊了一声，
看到这场景，酷似他弟弟的男孩也跟着大喊。
吓得宝宝哭了起来。
他们看到梦尚哭，可能是觉得好玩，
还想继续大叫，
我于是不由自主地大声喝止了他们。
从那以后，我既不喜欢那些孩子走近我们，

也不喜欢我的孩子走近他们。
真的成了“不要和他们玩！”的真实版。（气汹汹）
过了一会儿，两个孩子不知怎么闹翻了，都大哭起来。
看着那场景，我心里不禁幸灾乐祸，
同时也被自己的幼稚，弄得无语。
妈妈的心就是这样的吗？做起来，不像说得那么简单哪。
噢……

## 4. 怎么这么折腾人，真是！

让我重新认识自己的一天——
我原来是这么容易发火的人。
有一天晚上，梦尚特别地哭闹，不好好睡觉。
老公因为要去济州岛，准备第二天出发的东西到很晚才睡。
但因为梦尚一直哼唧哭闹，连那几个小时也没睡好。
梦尚晚上 11 点睡着，每隔一小时都要醒来哭闹，
好不容易要小睡一会儿，可凌晨 3 点又自己翻身起来，
后脑勺狠狠地撞到了枕头边的篮子上！
可能是后脑勺疼（当然疼咯），哇地咧着嘴哭起来。
我已经被孩子的哭声弄得瘫软无力，
于是在梦尚又要开始哭之前，
就很不耐烦地把安抚奶嘴塞到（？）了她嘴里。

梦尚最后吐出安抚奶嘴大哭，
老公也从似睡非睡状态中醒来，我的火气也已到顶点，
但还是想哄一哄梦尚，就让孩子爬趴到我的肚子上。
平常梦尚很喜欢这个姿势，可那天也不见效，还是一个劲儿地哭。
最后没办法，我抱着孩子起来，
那一瞬间，从我嘴里蹦出来的是充满怨气的一句话：
“怎么这么折腾人，真是！”
话音刚落，梦尚的哭声也戛然而止。
是变高的妈妈的声音让她害怕了，
还是喜欢竖着抱的姿势？要不就是电风扇的风使她感到凉爽？
安静下来的理由无从知晓，但梦尚依偎在我怀里很快就睡着了。
在那以后，却涌来一股浓浓的愧疚感……
最后老公也没能睡好，3 点就起来出了门。
刚才在母子室，梦尚又哼唧，我有点生气。
别的孩子都很老实，为什么只有我的孩子这么磨人呢？
奶也不好好地吃，为什么总拽着衣服发脾气呢？
让抱着她，把她抱起来的话，又把身体往外拱；
把她放下来，又哭着黏上来。到底要怎么样？
哄她睡也不睡，不像是因为困……
但是，让我生气的不是梦尚，
而是就因为那些事情朝梦尚发火的自己。
那一刻，我想起来自己小时候的事情：
在夏季学校的时候，和同伴玩的过程中，

我一时间找不着妈妈就哭了起来，
使得妈妈在做礼拜的过程中出来。
之后我被拖到教堂前面，被妈妈好一顿训斥，我也哭得更厉害。
我是因为找不到妈妈感到陌生才哭的，
好不容易见到的妈妈却以吓人的表情呵斥着我。
至今，我还记得那个让我伤心的回忆。
当然妈妈可能也生气，别的孩子都玩得很好，
只有我自己没能适应，哭着闹着，使得妈妈在礼拜的半途出来。
我并不是想让妈妈生气，而只是需要妈妈，
但妈妈却一味地指责我的记忆，
与现在朝梦尚发火的我的样子重叠在一起，让我伤心。
孩子不是故意醒来，也不是无故地哭闹，
而是有不舒服的地方，所以需要什么，
她在表达着这个意思。
但她还不知道熟练地进行表达的方式和关怀他人，
所以哭着扭动身体。
但是，妈妈却光是训斥。
对这个时期的孩子来讲，妈妈就是她的世界，孩子该有多难过？
若是对待老公或者和我对等的别的大人，
我会预想着他的反应，
注意不破坏对方心情，小心谨慎地对待。
但对待宝宝，因为她不会说，也不会发脾气，
就无视她，动辄发火并随意对待。

想着这些，我的愧疚感和歉意更重。
我这样能成为好妈妈吗？
原来我以为自己具有控制生气、发火的能力，
而且一般情况下，我也不轻易发火。
但那天晚上，我的那些判断土崩瓦解。
看着“我的孩子变了”节目里出来的妈妈们时，我还不以为然，
但其实我也没两样。
在现实生活中，梦尚真的磨人的时候，
我也有以“你自己闹去吧”的心态，
很想把她扔在那里不理不睬的冲动。
啊，上帝，请你给我智慧和勇气，
让我永远珍惜我的孩子。
让我成为不对孩子乱发脾气，
而是能解读和填满孩子内心的母亲。

育儿是现实生活，
不是能用重新设置按键能够恢复的东西。
孩子受着我一言一行的影响成长。
我不能成为完美的妈妈，那是不可能的。
我只能是不断努力而已。
这一个早晨因为一次发火而感到的愧疚感和作为母亲的反思，
还有悔改、带着希望的决心，还送老公出门，
真是一个内容丰富的清晨啊。

玩球

今天的游戏是玩球。

来，
梦尚，
接球！

当然，接不了，但……

咚
哎哟哟
可爱，呵……

不停地去捡。

噔……

梦尚，
扔过来！
闪烁
哎
哎
嘭
哈哈……
哈哈……
可爱！
往哪儿扔哪？
哈哈……

我们家可爱宝宝的玩球游戏。♡

那样会痛的

一动不动地趴在地板上。

…

干什么呢，
梦尚？
僵尸游戏？

好玩吗？

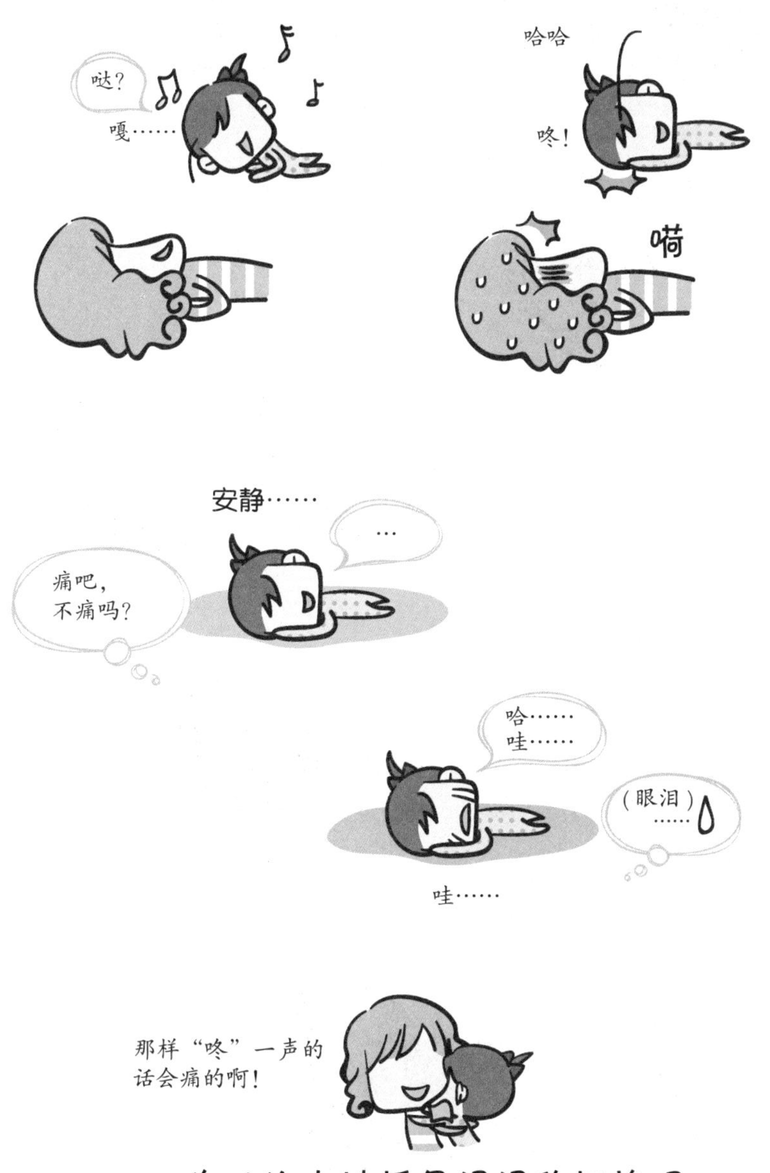
哒？
嘎……
哈哈
咚！
嗬
安静……
…
痛吧，
不痛吗？
哈……
哇……
（眼泪）
……
哇……
那样“咚”一声的
话会痛的啊！

你以为木地板是妈妈的怀抱吗？

你好

最近宝宝练就的特技。

闪闪

梦尚，
你好！

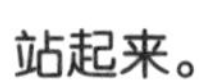
站起来。

稍弯一下。

重新站起来，抱着头打转。

那到底是什么
动作，喀喀……

我是在打招呼啊，

竟然嘲笑我，

我要“改正归邪”。

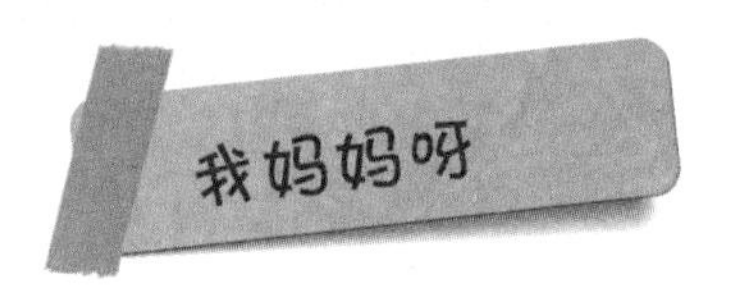

# 我妈妈呀

我妈妈呀，

一到姥姥家，就躲着我，

……

光坐在电脑前面。

我去找妈妈的话，

妈咪！

又把我送到姥姥那儿。

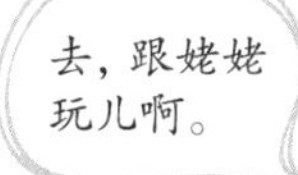
去，跟姥姥
玩儿啊。

到这儿来，
来……

我伤心，想跟妈妈在一起，

到这儿来，跟
姥爷玩儿。
妈……

嗯，宝宝，
对不起，
妈妈是来
姥姥家工
作的……

常见的自由职业妈妈的悲哀。

但是，姥姥和姥爷也很好。♡

啧……

啊呀!!!

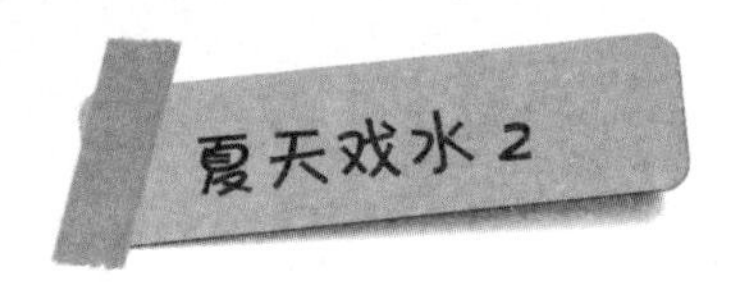

# 夏天戏水 2

去溪涧玩水!!

哇!!溪水!!
梦尚，是溪水!!!!


把脚放到溪水里。

噢，好
凉快!

梦尚，凉
快吧!?

扑通

开始用脚打水，

扑通扑通
扑通扑通


哎哟，小家伙!

最后还套上了游泳圈，

威风凛凛

但是嘴唇变紫了，

哆哆嗦嗦

宝宝……别发抖，
出来吧……

只好强制结束戏水。

啊……!!!
还要玩儿!!
不要出去!!!

捉了知了，

?!

真恶心！！！

旁边凉席上的小学生姐姐们

还看了青鳞鱼，

梦尚，叔叔抓来了青鳞鱼！

?!

真是既愉快又丰富的溪润旅行！

回到家以后还坐在游泳圈上面。

呵……下次我们再去玩儿水吧。

不冷……冷吗!!
打冷战……

## 金泰檬的话——一周岁生日宴：我的宝宝已经出生一年了！

周岁生日宴，因为想着只请家人，

所以直到周岁生日之前，我都没做什么准备。

真的想找个合适的地方，只是家人一起庆祝。

但不管怎么说也是一周岁生日，

怎么也得摆一个周岁生日桌让梦尚“抓周”啊。

听到父母亲这么说，才开始打听租用周岁生日桌的事。

要摆生日桌，还得有主持人，想着这些问题，

忽然想起姥姥 80 岁生日时去过的那家餐厅，

好像也有周岁生日宴厅。

于是就决定在那里。真简单，呵呵呵呵。

哇，真是！因为我对周岁生日宴没有概念，

축하해주세요♡

孩子一出生就要预定周岁生日宴?!
颤抖……
我是刚生孩子的产妇，想预定明年这时候的周岁宴……
哇……哇……


真的要预订餐厅，到处打听的时候才知道，
稍微好一点的餐厅，一年前预订就已经结束!
我惊异于韩国竟然如此热衷于孩子的周岁生日文化。
但是肯想办法，自然就有答案!
接纳以家庭为单位进行小规模聚会的餐厅还是不少的。
那个自助餐厅的专用厅也是80名客人的规模，
所以我们就预订了两间一般的包间，
然后把它们打通，做成了小规模厅。
而且，预约订满的都是周末，工作日还是很容易预订的。
工作日的时间，时间比较充裕，也方便大家用餐!
还有，在进行搜索的时候，
我很偶然地知道了新生妈妈的礼服群，
无心地留了一条感言，却中了免费租用礼服的抽奖!
原来想随便从现有的衣服挑一件穿的……
这样一来，还要预约周岁抓拍照，要准备的很多。

我已给在照相馆里拍周岁照投入了“巨资”，

所以使劲搜索最便宜的地方！

尽管要便宜，

也要预订感觉好一点的地方。

因为是工作日，所以预订时间很自由。

啊，工作日太好了！哼哼。

攻战未开发市场。

呵呵呵

希望工作日好订些。

老人们主张给孩子穿上韩服，

所以在家门口的韩服店火速租了一套。

真的都很容易。哈哈哈哈哈。

全部都在家附近解决。

原来想作为答谢礼物摆在周岁桌上的糕点，

数量似乎不对，于是赶紧打电话确认数量，

小酥饼一箱只有 5 个，可邀请的人是 30 人哪！

所以，两天前我又急急忙忙地在家附近的蛋糕店预订了糕饼！

真是简单啊。哈哈哈哈哈。

又可爱又好吃

就那样到周岁那天，急急忙忙地准备就绪。

原来计划简单进行，

结果成了该做的都做了的周岁宴！

我总觉得有点冤，想着干脆把“老公的朋友们都请来”？

但又想到周岁宴是工作日的白天就放弃了。

什么妈妈牌视频、童话书一个都没做。

那些也不过是用已有的软件，只把名字和照片换上而已，

能说是什么妈妈牌嘛！

印有宝宝照片的童
话书让我有点动心，
以后得给做一本。

周岁生日当天，

生日宴是中午 12 点开始，

但我们宝宝的午睡时间也是 12 点。

我在心里祈祷“求你坐车去餐厅的 10 ~ 11 点之间一定睡着”，
而宝宝真的在上车后就睡着了。
生日宴的整个过程中，宝宝一点都不哭闹，显得很精神。
牧师出席了梦尚的周岁宴并简单主持。
梦尚也高兴得到处走动，
亲戚们、朋友们也真心喜欢并祝福梦尚，
真是很让人高兴且有意义的时间。

状态良好!!!
噔噔噔
太可爱了!!!

咔嚓咔嚓

啊，对了，抓周的时候，梦尚抓了麦克风。噗！

以前，我认为麦克风象征歌手，

但根据解释，麦克风是具有多种内涵的东西。

演说家、播音员、教授等使用麦克风的工作很多，是吧？

总之，抓周是作为一种习俗为了高兴才做的，

但我的宝宝具有什么才能，

以后要做什么事情，我真是很好奇。

不管是什么才能，

我很想成为能够赏识和引导子女才能的父母。

梦尚，一年来，妈妈很高兴你能健康愉快地成长，

祝你生日快快乐乐！

Tip

如果是时间比较多的妈妈，可以好好利用一些网站的活动，充分利用免费服务，这也是准备周岁宴过程中的一个乐趣。宝宝的衣服、妈妈的礼服、拍照用服装等都有活动，而且妈妈牌视频、杂志、童话书等促销活动也不少。还有的网站周岁生日感言写得好的话有奖金奖励。我也写过一篇，中了佳作奖，获得过儿童图画书奖品。

## 后记——遗传性皮肤过敏症日记：一切都是感谢的理由！

在没有任何知识和信息的情况下，
要面对宝宝的遗传性皮肤过敏症，
原以为是胎热的红色斑点，随着时间的流逝，
却越来越严重。因为孩子脸上流出的脓水，
我流下的伤心的眼泪也很多！
那个时候，是我也迫切地需要克服遗传性皮肤过敏症的时间。
所以，以已经成功度过那个时期的宝宝的妈妈的立场，
我要分享一些经验。

### ① 11月（满3个月）

从刚出生开始，梦尚就有胎热的一些症状。
脸上的红色小点点反复地长出来又消下去。
据说，胎热会随孩子长大慢慢消失，所以我没有太在意。
但在网上群中看到，
很多妈妈都担心胎热就是遗传性皮肤过敏症，

所以我也开始有些担心。

总之，大家都说保湿很重要，所以我给宝宝认真地擦乳液。

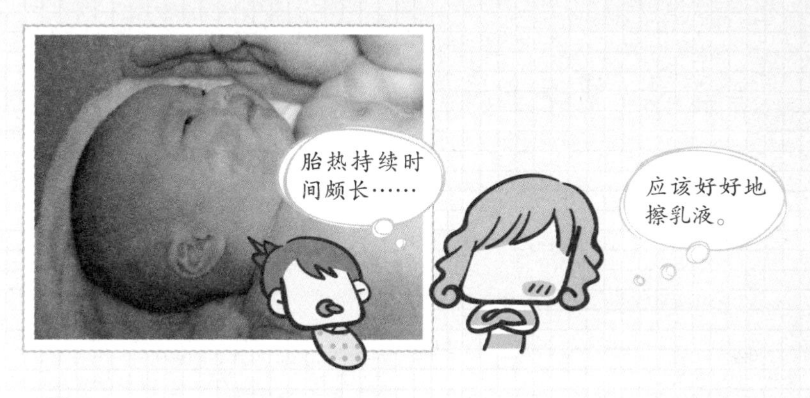
胎热持续时间颇长……
应该好好地擦乳液。

## ② 12月（满4个月）

梦尚的面颊，逐渐在变成胡萝卜。

如果孩子真的是遗传性皮肤过敏症该怎么办？

那一瞬间，比起担心宝宝，

我更害怕要给孩子准备的东西会增多，

会很麻烦、疲倦。

“我原来这么自私。”

想到这眼泪一下子涌了出来。

光说爱孩子，整天抱着亲了又亲，

但遇到麻烦的事，我却不愿意承担。

那么，为什么要养孩子呢？自己过不好吗？

每天给宝宝擦十几次乳液，

但总是又被抹掉……

## ③ 1月（满5个月）

现在该承认，我的孩子的确是遗传性皮肤过敏症。
脸蛋经常红通通地起水泡自然不用说；
患处不仅在脸上，还扩大到耳后和脑门上。
破溃的患处越来越严重，结成痂以后掉了又流脓水。
这样的恶性循环反复着。
根据梦尚的小脸状态，我的心情时好时坏。
小脸干净的时候，我一整天都是手舞足蹈。
状态不好的时候，我心情就非常低落。
为什么？为什么偏偏我的宝宝是遗传性皮肤过敏症？为什么？
据说，得皮肤过敏症遗传因素很大。

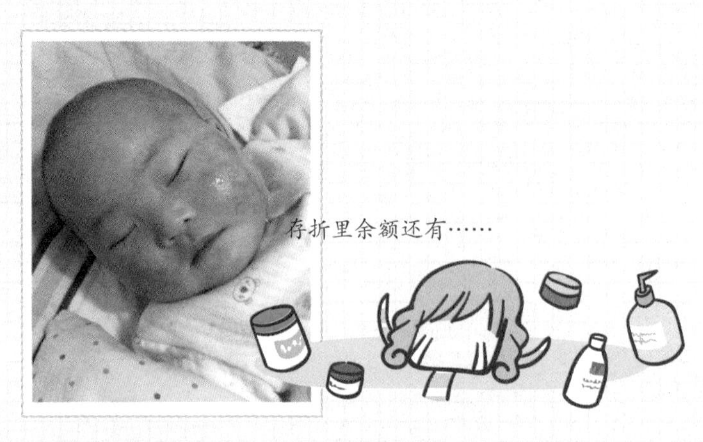
存折里余额还有……

不管妈妈怎么坚守自然主义的绿色食谱，
如果爸爸妈妈有过敏症，那也是没有别的办法的。
好的乳液、营养霜都用过，但梦尚的过敏症却是愈演愈烈。

## ④ 2月（满6个月）

水泡、脓水、痂、角质的无数反复。
原来小的患处逐渐扩大，
梦尚禁不住痒，用手挠破，
因此头和脸总是伤痕累累。
要去挠的时候，我喊着“不可以”加以制止，
但小家伙还是依然要去挠，
不如意的话还发脾气。
当然，痒痒得受不了，却不让挠痒，
小家伙肯定很生气，真可怜……
但是小家伙，要挠的话就轻一点挠！
脸上血迹斑斑的！呜呜。
小儿科、皮肤科也去过，很多医院都只说要注意保湿，
并给开出类固醇软膏，没有别的办法。
但是，当时我已对类固醇带着成见，
所以没给孩子擦那些软膏。

喀哧喀哧
不可以！

## ⑤ 3月（满7个月）

遗传性皮肤过敏症的最“高潮”时期——第7个月。
梦尚整个脸上和头上，甚至后脑勺，
都像长出青春痘的高中生的脸，凹凸不平且红红的。
脑门也有脓水，额头、耳朵、脸颊、下巴，
没有一处是完好的皮肤。
那时我觉得实在是不行了，
就开始了解专门的遗传性皮肤过敏症中心。
但预约都满满的，只能排到一个月以后。
等待的这一个月，还得自己挺过去。
这个时候，我发现用食盐随时进行水消毒是个好办法。
就是把消过毒的纱布盖在患处，然后喷点食盐水。
那样脓水会被纱布吸收，而且对患处也有保湿效果。

到了第7个月，

梦尚正是用手指捏各种东西玩的时候，
也不能因为怕挠出伤口总是给孩子戴着手套。
虽然对手指甲特别用心管理，但因为梦尚挠得力气大，
还是总挠出鲜血和伤痕。
有时为了让孩子玩一会儿手抓游戏，拿下手套，
看着看着的一瞬间，宝宝的手已经挠到头上。
晚上睡觉的时候也去挠痒，
所以我用枕头把宝宝的两个胳膊按住。
这还是颇有效果的，因为动不了胳膊就没法去挠痒。
但是晚上，我得起来几次，
为了不让孩子痒痒，得轻轻地给孩子摸摸。
为了阻止挠出伤痕，
我在宝宝头和耳朵上也缠过绷带，
但以我的经验，纯棉的飞行员帽子是最好用的。

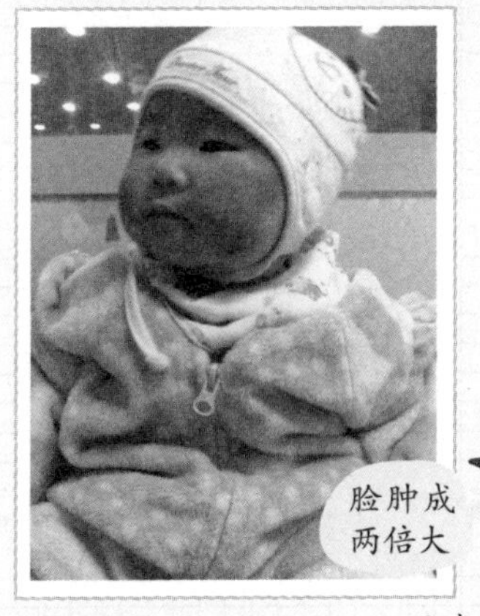

脸肿成
两倍大
眼睛也没了

宝宝!!

盖到耳朵的话，可以防止宝宝挠出更多的伤痕。
那时，我还听说擦一种精油效果好，
就抱着一线希望试了试。
但是超乎预料，从那时候开始，梦尚的脸浮肿得一塌糊涂。
群上说，那是一种好转的迹象，
要继续擦，熬过那个时期状态就会好转。
但是看着因脸浮肿而整天受苦的孩子，
再继续擦那个油可不件容易的事。
那个时候，也正是准备搬家的时候，
搬出衣柜才发现整面墙壁上都是黑霉。
可能也有黑霉的原因。肯定的！呜呜。
结果精油只擦了两天，也顺利地搬了家。
新家的阳光很好，是没有霉的二层。
很奇怪，从这个时候开始梦尚的状态也出现好转！
那之后，到了预约时间，去了遗传性皮肤过敏症中心。
中心给开了很多类固醇软膏、洗剂、保湿剂和吃的乳酸菌等。

擦的话孩子
会死的!!
这种感觉……

关于类固醇有几种误解：
因为遗传性皮肤过敏症，
根据我在网上进行信息搜索的经验来看，很多妈妈们认为固类醇是剧毒物品。

当然那时的我也是。所以有那个软膏，也一直没有用。
但是，不知从什么时候开始我产生了疑问：
人们认为固类醇如果长期使用副作用很可怕，
那么所谓的长期到底是多长时间呢？
还有，如果固类醇是可怕的药物，
医生们为什么还用那个药呢？ 
就在那个时候，
我偶然看到了一位医生的微博，
上面有关于固类醇的比较详细的说明。
概括来讲就是，固类醇也分为几个等级，
用于小儿遗传性皮肤过敏症的是低级的外敷用药剂，
就是用一辈子都不会有副作用，是安全的药。
有副作用的是等级高的固类醇，
并且也要一直不间断地擦用几年才会出现副作用，
有需要一段时间阶段性地慢慢断掉的情况
和药效消失后病情加重的情形，
产生依赖性也是长期使用等级高的固类醇时出现的问题。
在皮肤病中心听到的医生的说明也是这样的。
很多妈妈们不知从哪儿得到一些不实信息，不听医生的说明，
因此对类固醇产生了疑问。
妈妈们拒绝使用固类醇的另一个原因是：

快速搜索

类固醇使用的时候有好转，停用的话就出现反复。
那是理所当然的。
因为固类醇不是具有根治效果的药品，只是起缓解作用。
所以，很多妈妈买保湿剂。
然而保湿剂不是药品，只是起保湿作用的乳液。

有人说，胎热也是遗传性皮肤过敏症的表现。
老人们看到有胎热的婴儿就说：
“踩一踩泥土就好了。”
言外之意是等孩子长大了有了免疫力就会好的意思。
但在孩子免疫力变好前，
只能用固类醇缓解孩子的过敏症状，
直到孩子自己能战胜过敏，父母都只能在旁边陪伴守护。
我自从去了皮肤病中心，就开始使用医生开出的软膏。
一开始遵照使用说明，擦到脸部湿润的程度。
还开始用医生开的保湿和泡澡用的药剂。

那时还做了血液检查。
检查的结果，查出梦尚对牛奶、鸡蛋、花生等过敏较严重。
所以，后来家里甚至对进行母乳喂养的我也做了“很彻底的饮食限制”！
所谓“彻底”并不光指不吃那些食品，
还包括限制吃添加有那些成分（饼干含有的蛋白、全脂奶粉成分等）的食品。

就是炒过鸡蛋的炒锅都不能使用。

那是继梦尚被诊断为遗传性皮肤过敏症之后的第二大冲击！

嘭！

什么也不要吃?！
（没那么说）

## ⑥ 4月（满8个月）

食物限制对以吃为乐趣的我来说，是莫大的痛苦。

难道我喜欢的面包、乳制品都不能吃？

连含有这种成分都限制，真的没有可吃的了。

更是索性断了要吃加工食品的念头。

“意志薄弱的我，能做到吗？”我念叨着。

老公说：“也不是让你坚持一辈子，都是为了孩子，

就咬紧牙关坚持一个月看看。”

老公那么一说，我好像有了毅力。

然后再细想，好像对正餐没有什么限制。

只把“零食”戒掉就可以。

还好，面食还可以吃。

让人欣慰的是，梦尚的状态明显好转。

先试一个月看看。
好吧……现在在吃母乳……

梦尚头上的患处虽然还有，
但光是小脸变得干净了，就已经让我很感谢生活的每一天。
我想：如果早一点给孩子擦药的话，
可能少遭一些罪呢？
前胸和胳膊上的患处，擦了一两次药就都消了，
没有再长。
我从心里觉得对不住孩子。

## ⑦ 5月（满9个月）

宝宝脸颊上还有点皮肤过敏症的痕迹，
头上却没有再长。

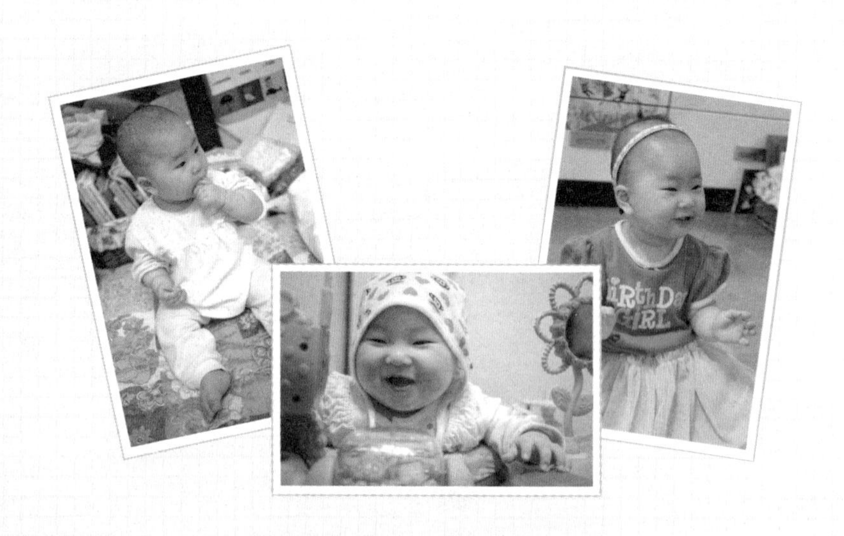
irthDa
GIRL

原来的伤口在愈合，
小脸真的变得很干净。
细嫩的宝宝皮肤不知让我多么感动。
这个时候，软膏使用频率已降低，
只有在因为没吃好东西，脸上有红肿的时候才擦些软膏。

## ⑧ 6月（满10个月）

宝宝头上的痕迹已经完全干净了！也不会再用手挠出伤痕了！
现在她的过敏好像不太受我饮食的影响了，
所以观察着孩子身上的反应，我也小心地吃着想吃的东西。
万岁！
光看表面的话，已看不出是患遗传性皮肤过敏症孩子，
完全是太开心了。
哇，好感动噢。

## ⑨ 10月（满14个月）

宝宝满14个月，现在皮肤变得真是很细嫩。
周岁以前，小家伙脸上和身上长脓水和水泡的痕迹还有一些，

到周岁前后基本上都消失了。

但宝宝的过敏症状还有，

所以吃加有牛奶或鸡蛋的食物，还是会偶尔长出疙瘩。

每当那个时候，宝宝总是揉着眼睛感觉很痒，

但过一会儿就消失了。

（嘴）一动一动

中心的教授说，

喜欢干果

这些症状到三周岁时有可能完全消失。

现在过了两周岁的梦尚，

可以说饮食过敏基本上消失了，

吃不大受影响。

孩子奶酪吃得也不错，花生也吃得津津有味！

其实，我对打扫卫生或抖被子上的灰尘等事情不是很在意，

是与干净利落有较大差距的女人。（哼哼）

也并没有因为孩子有皮肤性过敏症，就限制孩子摸这摸那，

或不让吃这个，不让吃那个。

其实这是与时间的较量。

周岁以前的小儿遗传性皮肤过敏症与诊疗方法无关，

基本上都有上升和下降的时期，

脓水和水泡的消失也需要时间。

不管是民间疗法，还是使用固类醇，或是用中医疗法，

严重的时候，怎么做都会加重。

但只要度过那个时期，就会逐渐缓解并消失。

所以我的心得是，最终都会好转，
不要焦虑，不要太大压力。
妈妈对孩子竭尽全力，放宽心会更好一些。
梦尚的状态不好的时候，我每天给她擦两次软膏，
从那以后到现在（两周岁），也偶尔擦，
梦尚的皮肤没有任何问题。
但这并不意味着我盲目相信固类醇软膏，
我只是想说：副作用的确很可怕，不能乱用，
但是也别把软膏视为剧毒药品敬而远之，
只用到这种程度是不会出现副作用的。
看着症状重的时候的照片，
我想到这么小的孩子是如何忍受下来的，就很心痛。
那个时候，看着梦尚的脸，我经常流泪，
晚上为了不让她抓挠、为了保湿，
也几乎没好好睡觉。
但我很感激：我并没有因为孩子的脸而感到羞愧，
也没有因为人们的视线而感到郁郁寡欢。
面对因为浮肿和脓水变得满身疮痍的孩子，
全家人和亲戚、朋友给了梦尚那么多的爱。

不是因为长相，而是以存在本身就受到祝福的孩子。

梦尚也很辛苦，但也没有很哭闹，

也没有变成很神经质的脾气，我真是非常感谢孩子。

教会的朋友们也很心疼梦尚并为她祈祷，

有一个 5 岁的孩子，在吃饭之前祈祷说：

“不要让梦尚的脸痛哦！”

听到那句话的一瞬间，我想到：“病痛也是种祝福啊。”

那时泪水在我眼睛里打转。

如果没有病痛，可能得不到这么多人的担心和祈祷吧？

我想：不管在什么情况下，我都不会失去感谢的心。

感谢上帝！感谢宝宝！

现在，对于那些因正与病痛搏斗而不能安睡的

有遗传性皮肤过敏症宝宝的妈妈们，

我希望能给你们疼痛的心带去点希望和慰藉。

加油！
哟！